DIESES Buch GEHÖRT

. . . .

Das Weltall
oder Das Geheimnis, wie aus nichts etwas wurde

Für meine Eltern, die mir die freie Entscheidung ließen, woran ich glauben wollte, und mich damit ermutigt haben, selbst nachzuforschen – JPS

Für meinen Bruder Steven, dessen Wissen über Astronomie endlich einmal nützlich war – MFR

Jan Paul Schutten

Das Weltall

oder Das Geheimnis, wie aus nichts etwas wurde

— Illustriert von Floor Rieder —

Aus dem Niederländischen von
Verena Kiefer

GERSTENBERG

Bereits erschienen:

Jan Paul Schutten • Floor Rieder
Evolution oder Das Rätsel von allem, was lebt
ISBN 978-3-8369-5797-7

Jan Paul Schutten • Floor Rieder
Der Mensch oder Das Wunder unseres Körpers
und seiner Billionen Bewohner
ISBN 978-3-8369-5910-0

Wir danken dem Nederlands Letterenfonds für die Förderung
der Produktion und der Übersetzung ins Deutsche.

Nederlands
letterenfonds
dutch foundation
for literature

1. Auflage 2021

Die Originalausgabe erschien unter dem Titel *Het mysterie van niks en oneindig veel snot*

Übersetzung: Verena Kiefer
Druck und Bindung: Livonia Print, Riga
Printed in Latvia
www.gerstenberg-verlag.de
ISBN 978-3-8369-6038-0

INHALT

Unser
SONNENSYSTEM
BESTIMMT NICHT
MASSSTABSGETREU
MARS
VENUS
SATURN

URANUS
MERKUR
ERDE
JUPITER
NEPTUN

EIN KURZES VORWORT

3 GRÜNDE, DIESES BUCH NICHT ANZUZÜNDEN

Bestimmt hast du schon einmal einen bildschönen Sonnenuntergang gesehen. Oder einen klaren Sternenhimmel, wie aus unzähligen funkelnden Diamanten gemacht. Oder du hattest einen wunderbaren Blick von oben auf das Meer, die Wälder oder die Berge. Und vielleicht hast du dich in einem solchen Moment auch einmal gefragt, woher die Sonne, die Sterne und die Erde eigentlich stammen. Wie ist unser Weltall entstanden? Und warum ist da etwas und nicht nichts? Wäre das nicht viel logischer gewesen? Denn woher kann alles einfach so gekommen sein? War da immer schon etwas oder eher nicht? Aber wenn da irgendwann einmal nichts war, wie kann dann aus nichts etwas werden? Oder wenn da immer schon etwas war, woher kommt dann dieses Etwas? Gab es vielleicht einen Schöpfer, der unser Universum gemacht hat? Und hat es den auch immer schon gegeben? Wie weit liegt »immer« eigentlich zurück? Was kommt nach unendlich? Ist unendlich mal unendlich mehr als einfach unendlich? Und wenn du dich selbst aufisst – wirst du dann doppelt so dick oder verschwindest du eher ganz?

Wenn dir diese Fragen auch im Kopf herumspuken, hast du Glück! Denn genau davon handelt dieses Buch. Es gibt nur ein winziges Problem. Nur eine Kleinigkeit, keine Sorge, ansonsten gar nicht schlimm. Aber ich erwähne es trotzdem mal. Es ist nämlich so, dass es auf die meisten dieser Fragen keine Antwort gibt. Wenn ich die Antworten wüsste, würdest du mich jetzt auf einer tropischen Insel finden. In einer Hängematte, Cocktails schlürfend, die mit bunten Papierschirmchen verziert sind. Reich und berühmt, weil ich dann die schwierigsten Fragen auf Erden beantwortet hätte.

UNENDLICH VIELE DUS

Aber bevor du dieses Buch enttäuscht anzündest: Wir kommen der Lösung dieser Rätsel durchaus ein ganzes Stück näher. Wie nahe? Bis zu einem Millionstel eines Billionstels einer Billionstelsekunde nach dem Anfang des Weltalls. Das ist doch schon ziemlich nah dran, oder? Und es wird noch viel spektakulärer, denn auf der Suche nach dem Ursprung unseres Alls vertiefen wir uns in die Welt der Physik und der Sternenkunde, der Astronomie. Eine Welt voller Zeitreisen und Schwarzer Löcher, voller Dunkler Materie und Teilchen, die mitten durch dich und die Erde hindurchschießen, Teilchen, die sich zugleich links- und rechtsherum drehen können (probiere es ruhig mal selbst aus!) und unendlich vieler anderer Universen mit unendlich vielen Dus und Ichs – wirklich wahr! Eine Welt vom Kleinsten des Kleinen bis zum Größten des Großen. Eine Welt voller brillanter Denker und Wissenschaftler, die über all diese Fragen nachgedacht haben. Wenn du dieses Buch ausgelesen hast, weißt du ein klein wenig, wie die Welt so tickt. Also leg die Zündhölzer ruhig wieder weg, denn ein paar Seiten weiter wirst du wahrscheinlich vor Staunen schon vom Stuhl fallen!

KLÄRST DU DAS GEHEIMNIS AUF?

Weißt du, was auch Spaß macht? Bei dieser Art von Geheimnissen geht es erst mal nicht um die kompliziertesten Gedanken, sondern um die richtigen Fragen. Fragen, auf die es sehr wohl Antworten gibt. Wenn man jung ist, stellt man oft die besten Fragen. Also wer weiß, vielleicht kommen dir ja auch noch gute Fragen, wenn du das Buch durchhast! Mit denen kann sich dann die Wissenschaft an die Arbeit machen (oder vielleicht auch du selbst!), um die interessantesten Rätsel des Universums zu lösen.

Und zum Schluss, auch nicht unwichtig: Wenn du dieses Buch gelesen hast und jemanden triffst, der sagt, er weiß ganz genau, woher alles in unserem Weltall oder Universum kommt, dann weißt du, dass du diesen Jemand nicht ernst zu nehmen brauchst. Es sei denn, er oder sie schaukelt auf einer tropischen Insel in einer Hängematte und schlürft einen Cocktail, verziert mit bunten Papierschirmchen ...

523 BEMERKENSWERTE INFORMATIONEN

Noch eine Warnung: Dieses Buch enthält unglaublich viel Wissenswertes. Wahrscheinlich wird dir davon hin und wieder sogar etwas schwindelig werden! Ich habe mal gezählt: Es gibt 523 außergewöhnlich wissenswerte Dinge in diesem Buch. Aber keine Angst – dein Kopf wird von all dem neuen Wissen nicht explodieren. Wir haben es im Vorhinein getestet und bislang ist noch kein Gehirn geplatzt!

Manche dieser Informationen haben es ganz schön in sich. Sogar die größten Wissenschaftler der Welt hatten Mühe, das alles zu verstehen. Dir wird es nicht schwerfallen, das ist mir schon klar! Aber viele Kinder lesen solche Bücher gemeinsam mit ihren Eltern. Die verstehen solche Sachen vielleicht weniger fix als du. Für sie habe ich einen Tipp: Lest euch manche Dinge ruhig noch ein-, zweimal durch. Wenn man einen Text mehrfach liest, begreift man ihn besser. Außerdem musst du natürlich auch nicht alles verstehen. Das ist gar kein Problem. Auch die größten Genies kapieren nicht gleich alles.

— TEIL 1 —

REISEN IN DER ZEIT

TEIL 1

Wenn du wissen willst, woher das Weltall kommt, musst du in der Zeit zurückgehen. Knapp 14 Milliarden Jahre ungefähr. Manche Leute stellen sich ein bisschen an, wenn es um Zeitreisen geht, und meinen, die sind schwierig oder sogar unmöglich, aber in Wirklichkeit sind sie total einfach. Du machst sie täglich. Nur nicht so, wie du es in Science-Fiction-Filmen siehst. Es geht anders. Wie? Na, wir machen einfach in Gedanken eine Zeitreise. Wir gehen ganz weit zurück in der Zeit. Gaaaaaaanz weit.

»Die längste Reise beginnt mit dem ersten Schritt«, schrieb einst ein weiser Chinese. Also machen auch wir diesen ersten Schritt. Einen kleinen Schritt von nur einer einzigen Sekunde. Ich sage noch nicht, wohin wir gehen. Badesachen brauchst du jedenfalls nicht mitzunehmen und du wirst auch nicht nach Hause gebracht. Ich zähle rückwärts und los geht's: 3 … 2 … 1 … 0 … ★BLITZ★

380 000 KILOMETER BIS ZUM NÄCHSTEN KLO

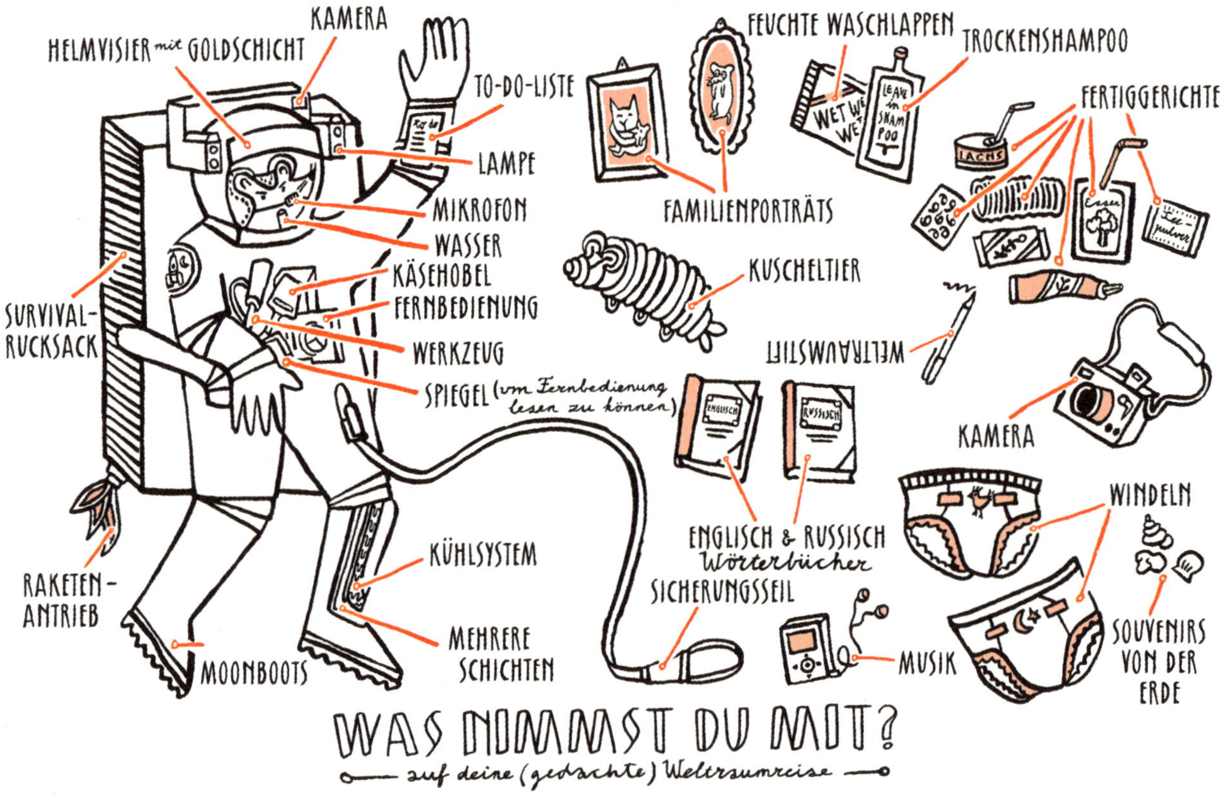

Okay, wir sind da! Eine Sekunde zurück in der Zeit. Und 380 000 Kilometer weiter im Raum. Aber wo?

Zunächst ein paar Sicherheitshinweise. Auf keinen Fall darfst du deinen Raumanzug ausziehen, denn er schützt dich vor der tödlichen Hitze der Sonne und der mindestens so gefährlichen Eiseskälte im Schatten. Hier gibt es weder Sauerstoff noch Luftdruck, beides bekommst du über deinen Anzug. Ohne Sauerstoff bekommst du keine Luft und deine Lunge ist an Luftdruck gewöhnt. Ohne ihn würde sie anschwellen und zerplatzen. Lass auch dein Visier unten, es schützt dich vor dem blendenden Sonnenlicht. Und schließlich solltest du auch beim Gehen sehr vorsichtig sein. Du wiegst hier sechsmal weniger als auf der Erde. Wenn du so läufst, wie du es gewohnt bist, wirkt jeder Schritt eher wie ein Sprung. Und ehe du es dich versiehst, stolperst du. Mach lieber kleine Schritte in einem festen Rhythmus. Dann wackelst du zwar wie ein Teletubbie in einem Schwimmbad, aber wenigstens fällst du nicht hin. So, das war's mit den Sicherheitshinweisen.

Tut mir übrigens leid wegen der Windel, die du trägst, aber die wirst du später dringend brauchen. Das nächste Klo ist nämlich 380 000 Kilometer entfernt. Und wenn es dich tröstet: Jeder, der bislang hier gewesen ist, hatte so eine Windel. Es klingt nur nicht wirklich cool, wenn du sagst, dass du eine Windel trägst, deswegen reden Weltraumreisende lieber von Absorptionshosen. Aber du bist nicht hier, um dich über Windeln zu unterhalten. Du machst ein Gedanken-Zeitreiseexperiment. Und du bist schon eine Sekunde in der Zeit zurückgereist.

FUSSSTAPFEN IM WELTRAUM

Du hast Glück. Hier wirbeln kaum Staubteilchen herum. Das kann auch ganz anders sein, zum Beispiel, wenn hier ein Meteorit abstürzt. Außerdem gibt es um dich herum keine Luft und keinen Wasserdampf. Du siehst die entferntesten Berge haarscharf und so wirken sie näher. Der Himmel über dir ist pechschwarz und die Steine und Hügel um dich herum sind silbergrau mit einem goldbraunen Schleier. In deinen Raumanzug dringen keine Geräusche von außen; deswegen hörst du deinen Atem und deinen Herzschlag wie sonst nie.

Der Boden unter dir sieht aus wie aus Zucker. Die Kristalle glitzern in der Sonne wie die schönsten Diamanten auf Erden. Schau mal dort: Fußstapfen! Und das, obwohl hier seit gut fünfzig Jahren keiner mehr war. In der Ferne flattert eine graue Fahne. Na ja, sie flattert nicht wirklich, denn hier gibt es nicht den kleinsten Windhauch! Amerikanische Astronauten haben einst eine zerknitterte amerikanische Flagge hier aufgestellt, doch die Sonne hat alle Farben ausgebleicht. Wenn du hochschaust, siehst du genau dieselben Sternbilder wie auf der Erde: Großer Bär, Orion, Kassiopeia … Aber so hell wie hier hast du sie noch nie gesehen. Und dort, weit über dem Horizont, siehst du eine leuchtend blaue Kugel: die Erde. Wenn du es noch nicht erraten hattest, weißt du jetzt ganz bestimmt, wo du bist: Du stehst auf dem Mond.

WARUM AUGEN IMMER AUF ZEITREISE SIND

Jetzt stell dir einmal vor, du hättest ein Superteleskop. Hunderte Male besser als das beste, das je hergestellt wurde. Damit kannst du zur Erde schauen und all deine Freunde und Freundinnen auf dem Schulhof sehen. Sie wissen, dass du sie sehen kannst, und winken dir. Du glaubst genau zu sehen, was sie just in diesem Moment tun, aber das stimmt nicht. Du siehst sie nämlich eine gute Sekunde später! Deine Augen machen eine Zeitreise. Das Licht reist mit einer Geschwindigkeit von rund 300 000 Kilometern pro Sekunde auf dich zu. Du bist etwa 385 000 Kilometer von der Erde entfernt, also siehst du alles, was dort passiert, einen Augenblick später. Und dann muss man sich mal vorstellen, dass der Mond immerhin noch der Himmelskörper ist, der uns am nächsten ist. Die Sonne ist nämlich noch viel weiter entfernt: etwa 150 Millionen Kilometer. Das Licht der Sonne braucht gut acht Minuten, um die Erde zu erreichen.

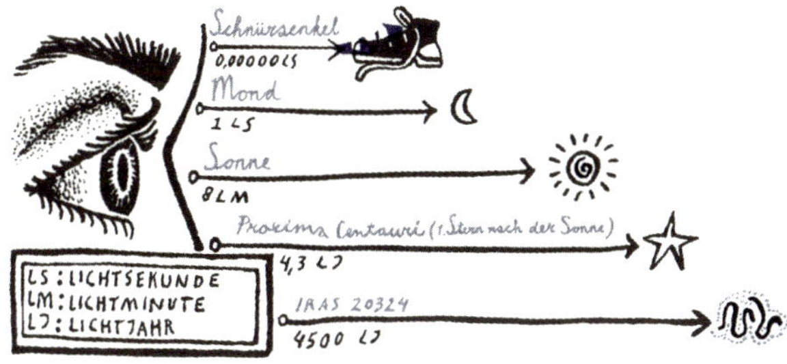

KRIEG DER STERNE DURCHS TELESKOP SEHEN

Eigentlich siehst du also alles in der Vergangenheit, sogar diese Buchstaben, die du gerade liest, siehst du mit einer Verzögerung von einer Dreimilliardstelsekunde. Aber wer ins Weltall schaut, macht erst wirklich Zeitreisen mit den Augen. Mal eine Sekunde, wie beim Mond, mal Minuten, wie bei der Sonne und Planeten wie Mars und Venus. Manchmal Jahre, wie bei manchen Sternen. Aber meistens noch viel länger. Allein schon der Stern, der unserer Sonne am nächsten ist, Proxima Centauri, ist so weit von uns entfernt, dass das Licht von dort vier Jahre und ein paar Monate braucht, um die Erde zu erreichen. Es geht also noch viel, viel weiter weg. Manche Sterne sind sogar so weit von uns entfernt, dass uns das Licht noch gar nicht erreicht hat – und das, obwohl sich Licht ungeheuer schnell ausbreitet. Tatsächlich ist nichts schneller als das Licht!

Weißt du noch, wie *Krieg-der-Sterne*-Filme anfangen? »Es war einmal vor langer Zeit in einer weit, weit entfernten Galaxis …« Stell dir vor, die Geschichten von Luke Skywalker und Darth Vader wären wirklich passiert und wir hätten ein Supersupersuperteleskop. Dann könnten wir uns das Kino sparen und alle Weltraumkriege noch live mit eigenen Augen sehen.

Gut. Eine richtige Zeitreise war unser Trip zum Mond also nicht, sondern mehr ein Rückblicken. Superschnelle Zeitreisen werden nie möglich sein. Aber in unserem Gedanken-Zeitreiseexperiment ist zum Glück alles möglich. Daher gehen wir auf dieselbe Weise mit den Augen in der Zeit zurück. Doch mit 1-Sekunden-Schrittchen landen wir natürlich nie beim Anfang des Weltalls. Deswegen machen wir jetzt einen viel größeren Zeitsprung. Fertig? Schon geht's wieder los! ★BLITZ★

4500 JAHRE ALTES FEUERWERK

Du bist da. Das ist dein neuer Zwischenstopp. Setz die Sonnenbrille auf und schau dich einmal um. Hast du jemals so etwas gesehen? Bestimmt nicht. Du siehst eine riesige Wolke voller glitzernder Farben. So schön wie bei einem Sonnenuntergang, doch in allen Farben des Regenbogens. Als würdest du direkt vor einer wirbelnden Feuerwerksshow schweben! Und zum Glück verschwinden die Farben hier nicht so fix wie bei einer Leuchtrakete, sondern glühen wunderschön weiter. Bei einer Leuchtrakete sind bunte Metalle für diese spektakuläre Lichtshow verantwortlich - hier stammen die Farben von Gasen aus explodierten Sternen. Blauviolett von Wasserstoffteilchen. Helium ist für die orangefarbene Glut verantwortlich. Stickstoff ist violett, Sauerstoff blaugrün, Neon hellrot und so weiter. Zusammen werden diese Gase irgendwann einen neuen Stern und neue Planeten bilden.

Wo du bist? Du schwebst vor dem Nebel IRAS 20324. Wenn du von der Erde aus schauen würdest, müsstest du dein Teleskop in die Nähe des Sternbildes Schwan ausrichten. Aber jetzt schaust du ja gerade umgekehrt, also vom Nebel in Richtung Erde. Mit deinem Superteleskop zoomst du heran. Der Himmel ist nicht mehr erkennbar. Alle Sterne und Sternbilder sind hier anders. Warte mal ... dort siehst du einen Stern mit einigen Planeten, darunter einen mit einem Ring und einen hellblauen. Das müssen die Sonne mit dem Saturn und der Erde sein.

WIE DU MIT EINEM SPIEGEL EINEN DIEBSTAHL AUFKLÄREN KANNST

Du richtest das Teleskop auf den blauen Planeten und stellst es scharf. Du siehst Südamerika und Afrika. Du zoomst den Norden von Afrika heran. Dort erkennst du Ägypten mit dem Nil und das Mittelmeer. Du zoomst noch weiter heran und siehst Dutzende wimmelnder Punkte. Sie sehen aus wie Insekten, aber wenn du noch genauer hinschaust, siehst du, dass es Menschen sind. Die meisten tragen nur Tücher um die Hüften. Andere dagegen sind prächtig gekleidet und tragen auffällige Kopfbedeckungen. Was machen die denn da? Jetzt siehst du es. Sie bauen eine der berühmten Pyramiden von Gizeh! Zwei weitere stehen ganz in der Nähe und weiter hinten siehst du die Sphinx. Weil IRAS 20324 so weit von uns entfernt ist, siehst du die Erde, wie sie vor 4500 Jahren war. Wenn du vom Nebel aus wissen möchtest, wie es deinen Freunden heute geht, hast du leider Pech. Mit dem besten Willen kannst du von da aus nicht sehen, was jetzt gerade auf der Erde passiert.

Wenn wir weit ins All schauen, werfen wir einen Blick in die Vergangenheit. Umgekehrt siehst du von fernen Planeten aus auch die Erde von früher. Stell dir vor, wir würden in einer gigantischen Entfernung außerhalb unseres Sonnensystems einen riesigen Spiegel in den Weltraum stellen und auf unseren eigenen Planeten richten. Wenn wir dann wiederum ein Teleskop auf diesen Spiegel richten, sehen wir die Erde in der Vergangenheit. Vielleicht können wir so ja aufsehenerregende Verbrechen aus der Vergangenheit aufklären? Oder dem Polizisten zeigen, dass du wirklich nicht bei Rot über die Ampel gefahren bist, sondern höchstens bei Orangerot? Wenn wir heute mit dem Bau einer solchen Anlage anfangen, können wir sie in einigen Dutzend Jahren nutzen. Denn unsere Raketen fliegen nicht so schnell und dieser Spiegel müsste natürlich ganz schön weit weg sein. Außerdem müssten sich die Spiegel auch wirklich sehr gut ausrichten lassen können. Und jedes Jahr siehst du wieder ein Stück weiter in die Zeit, weil die Spiegel weiter von der Erde entfernt stehen werden, denn das Weltall dehnt sich aus. Daher wird es schwierig, genau zu bestimmen, was du sehen willst. Außerdem kostet es auch noch ein paar Hundert Milliarden Euro. Weißt du was? Vielleicht war das ein sehr dummer und ziemlich unmöglicher Plan ...

EIN BILLIARDSTELLICHTJAHR LANGE SCHNÜRSENKEL

Im Übrigen kommen wir auch nicht wirklich gut voran auf unserer Zeitreise. Diese 4500 Jahre klingen ja schon ganz nett, aber wir müssen 14 Milliarden Jahre zurück in der Zeit! Auch wenn dieser Nebel 43 000 000 000 000 000 Kilometer von uns entfernt ist – in Anbetracht der Ausmaße des Weltraums liegt IRAS 20324 geradezu um die Ecke. Jetzt verstehst du auch, warum das Rechnen in Kilometern nicht praktisch ist, wenn es um die Entfernungen im All geht. Leichter ist es, sie in Lichtjahren anzugeben. Ein **Lichtjahr** ist die Strecke, die das Licht in einem Jahr zurücklegt: etwa 9,5 Billionen Kilometer. Nebel 20324 liegt also 4500 Lichtjahre von uns entfernt. Das spart uns eine Menge Nullen. Es sei denn, es geht um kleine Entfernungen. Dann ist es eher unpraktisch, die Länge deiner Schnürsenkel in Lichtjahren zu berechnen.

Wir gehen jetzt so *richtig* weit weg. Viel weiter als die 43 000 Billionen Kilometer von IRAS 20324.

EINE EXPLOSION MIT DEM LICHT VON 100 000 000 000 SONNEN

Von IRAS 20324 biegst du jetzt scharf ab und schießt davon. Sterne und ganze Sternsysteme oder Galaxien flitzen an dir vorbei, als würdest du durch einen Tunnel voller Laserstrahlen fliegen. Du versuchst herauszufinden, was du alles siehst, aber dann wirst du plötzlich noch viel schneller. Alles um dich herum bewegt sich jetzt mit so hoher Geschwindigkeit, dass du nichts mehr unterscheiden kannst. Dann fliegst du wieder zurück und hältst wenige Sekunden später wieder an ... Du schaust dich um. Das Weltall wirkt hier etwas seltsam. So hast du es jedenfalls noch nie gesehen. Siehst du den Stern direkt vor dir? Der ist etliche Male größer als die Sonne. Aber viel bemerkenswerter ist, dass du mit bloßem Auge Dutzende anderer Galaxien sehen kannst. Das ist für uns von der Erde aus unmöglich. Alles in diesem Raum hier muss also näher beieinanderliegen. Der Weltraum wirkt sogar ein wenig beängstigend. Droht hier Gefahr? Du schaust dich um, ob vielleicht außerirdische Raumschiffe in der Nähe sind, aber nirgends findest du eine Spur von Leben.

DER WELTRAUM DURCH EINE KRISTALLKUGEL

Jetzt hast du eine ganz andere Gedanken-Zeitreise gemacht als vorhin. Diese Zeitreise ist sogar noch eine Spur unmöglicher. Denn nun bist du richtig weit in der Zeit zurückgegangen: 5 Milliarden Jahre. Aber du befindest dich nicht 5 Milliarden Lichtjahre von uns entfernt, du bist noch in der Milchstraße, unserer eigenen Galaxie. Nur wo? Keine Ahnung! Die Milchstraße, wie wir sie in der modernen Zeit kennen, hat ungefähr 200 Milliarden Sterne und die sind hier um dich herum bei Weitem nicht zu entdecken. Die junge Milchstraße, in der du jetzt bist, ist viel kleiner und muss noch ein paar andere Milchstraßen schlucken, um zu dem erwachsenen heutigen System zu werden. Außerdem müssen in diesen 5 Milliarden Jahren erst noch Millionen neuer Sterne »geboren werden«. Einer dieser Sterne ist unsere Sonne, denn die gibt es noch nicht. Und Planeten wie Mars, Venus und die Erde demnach auch nicht. Ein Teleskop hilft dir auch nicht weiter, wenn du die Erde sehen willst. Da bräuchtest du eher eine Kristallkugel – wenn sie denn funktionieren würde.

Der Stern vor dir hat keinen Namen. Wir wissen auch nicht viel darüber. Tut mir leid. Tja, so allmählich scheint es, als wären die vorigen Reisen viel spektakulärer gewesen. Da hast du es! Da gehst du in deiner Fantasie auf einige sensationelle Zeitreisen und landest ausgerechnet bei diesem dösigen Stern. Aber sei froh, dass es ihn gibt! Denn aus diesem Stern und noch ein paar anderen sind die Sonne und die Erde entstanden. Dieser Stern steht nämlich kurz vor der Explosion.

Erst wird der Kern des Sterns ein ganzes Stück schrumpfen. Der restliche Stern dagegen wächst! Diese gigantische Lichtkugel, in die unsere Sonne viele Male reinpasst, wird noch größer. Dann schrumpft sie wieder etwas, wächst wieder, schrumpft, und das geht noch eine Weile so weiter. Es scheint fast, als wüsste der Stern nicht, was er will. Danach wird der Stern wirklich wahnsinnig groß. Und schließlich zerplatzt er und leuchtet monatelang so intensiv wie hundert Milliarden Sonnen zusammen.

DIE GEBURT DER ERDE

So ein explodierender Stern heißt **Supernova.** Das ist so ziemlich das Spektakulärste, was man im Weltraum sehen kann. Nach der Explosion bleibt ein Teil des Sterns übrig. Der ist jetzt gerade mal noch etwa dreißig Kilometer groß, auch wenn er immer noch so viel wiegt wie beispielsweise unsere Sonne. Die Teilchen, aus denen der Stern jetzt besteht, müssen also unglaublich dicht beieinanderliegen. Würdest du einen Teelöffel voll davon nehmen, hätte dieser Happen ein Gewicht von tausend Milliarden Kilogramm. Der Stern kreiselt auch mit einer ungeheuren Geschwindigkeit um seine eigene Achse. Dieses äußerst schwere Ding macht jetzt etwa dreihundert Umdrehungen pro Sekunde. Und von dem Wahnsinnslicht, das er einst ausstrahlte, ist fast nichts mehr übrig. Allerdings verbreitet er eine ausgesprochen tödliche Strahlung. Also nichts wie weg hier! Weiter hinten gibt es übrigens noch genug zu sehen.

Denn inzwischen schlingert der Rest des Sterns mit einem Affenzahn in den Weltraum. Dort bilden die Staubteilchen aus der Supernova und Teilchen anderer explodierter Sterne eine Gaswolke. In den kommenden Tausenden, Millionen Jahren ziehen sie einander an und klumpen wieder zusammen. Die Klumpen kreisen umeinander und ziehen sich gegenseitig an, sodass immer größere Brocken entstehen. Die Brocken verhalten sich ein bisschen so wie die Sitze eines Kettenkarussells bei Höchstgeschwindigkeit. Im Stillstand hängen die Ketten mit den Sitzen nach unten. Aber wenn sich das Karussell schnell dreht, schwingen sie weit nach außen. So kreisen die Brocken auch wie ein flacher Pfannkuchen um die Mitte. Genau in dieser Mitte entsteht eine immer größere und schwerere Kugel: unsere Sonne. Die größten Brocken um sie herum klumpen zu Planeten zusammen. Und einer davon ist unsere Erde.

Jetzt hast du in unserer Gedanken-Zeitreise die Geburt der Erde miterlebt. Das hättest du doch nicht verpassen wollen? Mit 5 Milliarden Jahren sind wir nun schon ziemlich gut unterwegs in der Vergangenheit unseres Universums. Aber wir haben noch knapp 9 Milliarden Jahre vor uns. Schnell weiter also! Doch während wir noch weiter in der Zeit zurückreisen, bekommst du ein paar Informationen über die kleinsten Teilchen im Weltall.

12 KOHLENSTOFFATOME, 22 WASSERSTOFFATOME UND 11 SAUERSTOFFATOME AUF DEINEM PFANNKUCHEN

Wahrscheinlich hast du jetzt so einige Fragen. Denn wie kann ein Stern, der größer ist als die Sonne, zu einer Kugel schrumpfen, die kaum größer ist als eine Stadt? Kann man dann auch einen Berg auf das Format eines Tennisballs schrumpfen lassen? Die Antwort lautet: ja. Aber erst wenn du weißt, woraus alles gemacht ist, wirst du verstehen, dass so etwas möglich ist. Und mit »alles« meine ich die gesamte Materie im Weltall. Von Sternen und Planeten bis zu Bergen, Kamelen, Vollmilchschokolade mit Nuss, Vollmilchschokolade ohne Nuss, Gartenzwergen, Tapetenkleister, Klinikclowns und Endiviensalat.

EIN HAARBRÖTCHEN MIT ZAHNSOSSE

Du weißt bestimmt, dass alles, was du sehen kannst, aus Atomen aufgebaut ist und diese sich manchmal zu Mölekülen verbinden können. Aber wusstest du auch, dass die Griechen die Existenz von Atomen schon Hunderte Jahre vor Christus entdeckt haben? Nur durch Nachdenken, ohne Hilfe eines Mikroskops! Ja, es stimmt wirklich: Die alten Griechen benutzten ausschließlich ihren gesunden Menschenverstand. Das mussten sie auch, denn erstens gab es noch gar kein Mikroskop und zweitens sind Atome so klein, dass man sie sogar mit einem Mikroskop nicht sehen kann. Und eigentlich war der Gedankengang der Griechen ganz einfach, darauf hättest auch du kommen können! Überleg mal Folgendes:

Einst warst du ein Baby. Jetzt bist du ein Stück größer. Du hast nun Zähne, größere Knochen, stärkere Muskeln, mehr Haare. Doch woher kommen diese zusätzlichen Teile? Natürlich aus deiner Nahrung. Aber hast du schon einmal ein Haarbrötchen mit Knochen und Zahnsoße gegessen? Nein, sicher nicht. Normalerweise isst man keine Haare, Knochen und Zähne. In deinem Essen müssen sich also winzige Teile befinden, die wie Legosteine auseinandergenommen und wieder neu zusammengesetzt werden können, um so einen neuen Teil deines Körpers zu bilden. Die Griechen nannten diese Teilchen »atomos«, das bedeutet »unteilbar«. Daher kommt unser Wort »Atom«. Es gibt über hundert verschiedene Atome: Wasserstoffatome, Heliumatome, Sauerstoffatome, Kohlenstoffatome, Eisenatome und so weiter.

WARUM DU EINEM BLATT PAPIER ZIEMLICH ÄHNLICH SIEHST

Diese »unteilbaren« Atome sind übrigens sehr wohl teilbar! Aber sie lassen sich vor allem gut miteinander kombinieren. So können mehrere Atome zusammen Moleküle bilden. Ein Wassermolekül besteht zum Beispiel nicht aus Wasseratomen, sondern aus zwei Wasserstoffatomen und einem Sauerstoffatom. Sauerstoff verhält sich erst richtig wie Sauerstoff, wenn man zwei oder eine andere gerade Anzahl Sauerstoffatome hat. Und so besteht der Zucker auf deinem Pfannkuchen aus zwölf Kohlenstoffatomen, zweiundzwanzig Wasserstoffatomen und elf Sauerstoffatomen. Du kannst endlos viele dieser Atome kombinieren, um verschiedene Moleküle herzustellen. Manche Moleküle bestehen sogar aus Millionen Atomen.

Schau dir mal das Papier dieses Buchs an. Das besteht nicht aus Papiermolekülen, denn die gibt es nicht. Papier besteht aus verschiedenen Molekülen, die zusammen Papier bilden. Diese Moleküle enthalten vor allem Kohlenstoff-, Wasserstoff- und Sauerstoffatome. Nimmst du diese Teilchen auseinander und setzt sie auf eine andere Weise zusammen, kannst du auch Zucker daraus machen. Aber das Holz von einem Baum besteht ebenso vor allem aus diesen drei Atomsorten. Genau wie du übrigens. Aus Kohlenstoff-, Wasserstoff- und Sauerstoffatomen kannst du mit ein wenig Stickstoff sowie Kalk und einer Handvoll anderer Stoffe ein zweites Du machen, das dir so ähnlich sieht wie ein Ei dem anderen.

Es ist nur irgendwie schwierig, sich vorzustellen, wie diese Atome zusammen alles um uns herum formen. Wir sind gewohnt, Dinge aus Backstein, Lehm, Holzbrettern, Woll- oder Baumwollfäden zu machen. Oder aus Mehl, Butter und Eiern. Wie Lego oder Teig aus Materialien oder Zutaten. Aber die Welt der Atome ist wirklich vollkommen anders aufgebaut.

100 000 MOLEKÜLE NEBENEINANDER

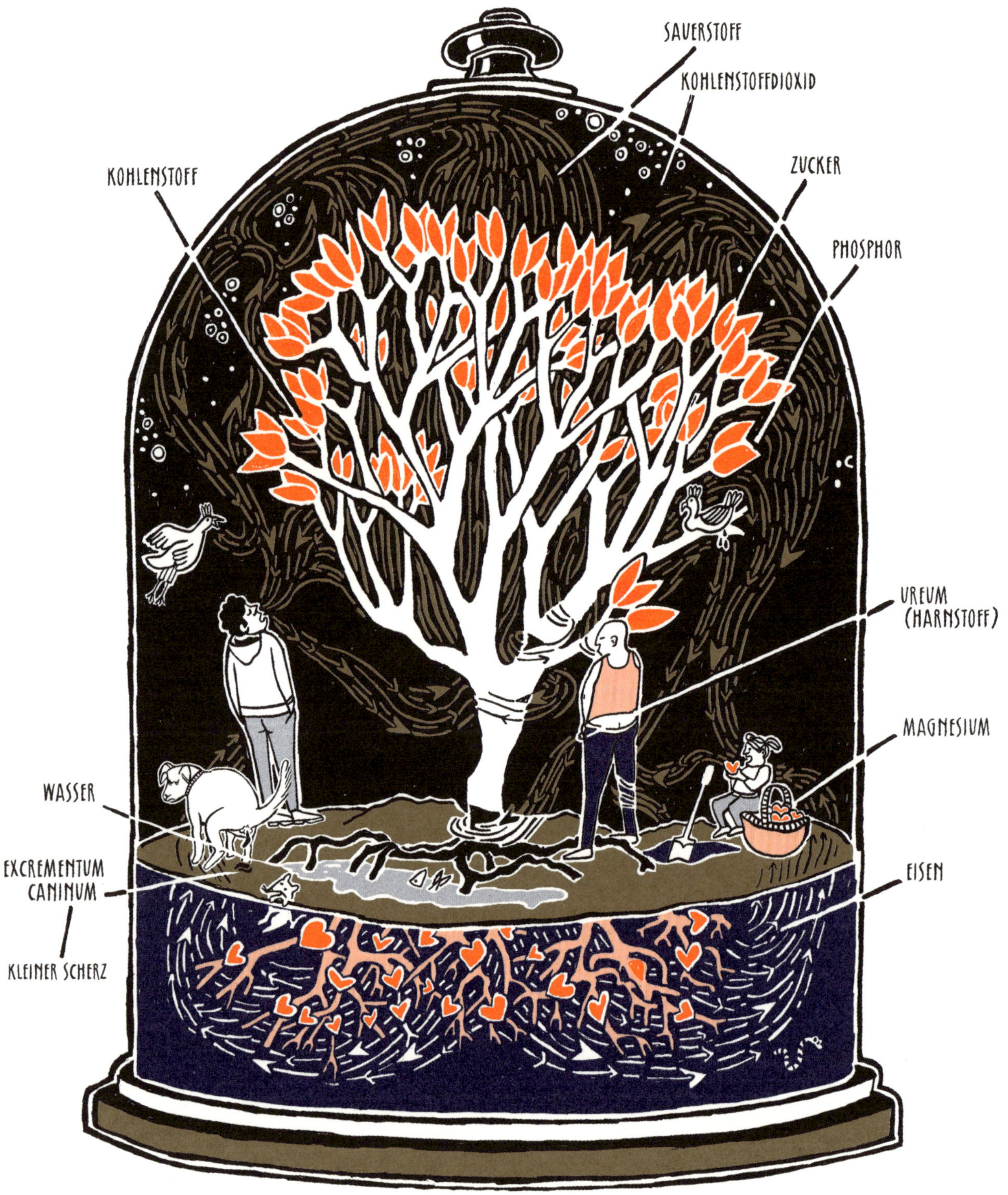

Hast du dich schon mal gefragt, woher all das Holz eines schweren meterhohen Baums kommt? Aus dem Boden? Über das Wasser, das der Baum aufsaugt? Stecken da vielleicht die Teilchen drin, aus denen später Stamm und Äste werden? Oder holen die Wurzeln allerlei Stoffe direkt aus dem Boden? Ist dieser hölzerne Esstisch vielleicht im Grunde aus Erde gemacht? Das scheinen die naheliegendsten Erklärungen zu sein, aber es ist doch anders.

Ein Baum benötigt zum Wachsen Kohlenstoffdioxidmoleküle aus der Luft, die aus den Kohlenstoff- und Sauerstoffatomen entstanden sind. Du merkst wenig von all den Molekülen in der Luft, aber du atmest sie ständig ein und wieder aus.

Die Blätter am Baum können das Kohlenstoffdioxid mithilfe von Grundwasser und Licht in Zuckermoleküle umsetzen. Diese wiederum werden in Holz umgewandelt. Aus der Luft aus deinen Lungen wächst also ein Stück Holz, aus dem später wieder ein Tisch oder ein Baseballschläger gemacht wird. Und die Blätter dieses Baums setzen wieder Sauerstoff frei, den du später einatmest. Das ist Lego für Fortgeschrittene!

EIN SAUERSTOFFWÜRFEL

Moleküle sind so klein, dass du sie nur mit den kompliziertesten technischen Hilfsmitteln sehen kannst. Und das gelingt auch nur mit den allerbesten Mikroskopen der Welt. In ein Haar, das einen Zehntelmillimeter dick ist, passen zum Beispiel schon 100 000 Moleküle nebeneinander. Aber diese Moleküle kommen überall um dich herum vor – und dann auch noch in drei Formen: gasförmig, fest und flüssig. Wasser kennst du zum Beispiel als Gas, wenn es als Wasserdampf über dem Topf wabert, in dem du Spaghetti kochst. Aber du kennst Wasser auch als das nasse Zeug, das aus dem Wasserhahn kommt, und das knallharte Eis, auf dem du im Winter Schlittschuh laufen kannst. Das alles ist aus denselben Molekülen gemacht. In der kältesten Form wird es fest, in der wärmsten gasförmig und dazwischen ist es flüssig.

Gestein schmilzt bei hohen Temperaturen zu Lava. Wenn es abkühlt, wird es wieder hart. Sauerstoff kennen wir vor allem als das unsichtbare Gas, das wir einatmen, aber wenn man es stark herunterkühlt, wird es flüssig und bei extrem niedrigen Temperaturen kannst du sogar Würfel daraus machen. Und selbst die härtesten Metalle wie Eisen und Kupfer können auch als Gas vorkommen. Vorausgesetzt, sie sind heiß genug. Supernovae – du weißt schon, diese explodierenden Sterne – können glühend heiße Schwermetallgase »ausspucken«. Ein niederländischer Künstler verwandelt sogar luftverschmutzende Gase in Steinchen, die so hart sind, dass man damit Fensterscheiben einwerfen kann.

Na schön. Ist ja alles ganz nett, doch jetzt weißt du immer noch nicht, weshalb du einen Berg auf die Größe eines Tennisballs schrumpfen kannst. Das liest du auf der nächsten Seite.

Woher kommen deine Gedanken und Gefühle? Aus deinem Gehirn, oder? Und woraus besteht das Gehirn? Aus Atomen. Die Schmetterlinge im Bauch, die du spürst, wenn du verliebt bist, die Gänsehaut, die du bekommst, wenn du schöne Musik hörst, die Tränen, die dir vor Lachen in die Augen steigen, die brillanten Überlegungen, die du anstellst, um ein Problem zu lösen: All diese Gedanken und Gefühle stammen aus einer Kombination unzählig vieler extrem kleiner, lebloser Teilchen ...

... denselben Teilchen, aus denen der Mond, Kieselsteine, Fischbrötchen und Korkenzieher auch gemacht sind. Teilchen, die vor Milliarden Jahren aus einem explodierten Stern geschossen sind.

DIE WELT DER KLEINEN DINGE

Zur Sache jetzt. Wie kann ein riesiger Stern zu einem kleinen Päckchen zusammengedrückt werden? Höchste Zeit, sich die Atome einmal ganz genau anzuschauen.

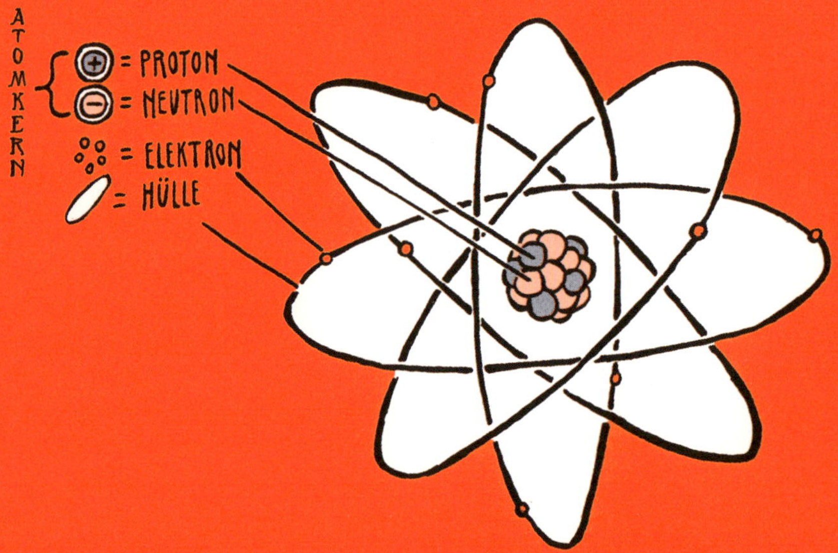

• Die Dinge in deinem Umfeld wirken massiv, solide und undurchdringlich wie eine Steinmauer, ein Felsen oder eine Stahltür. Aber sogar diese knallharten Materialien bestehen aus so gut wie nichts ... Zwischen den Atomen in einem Molekül befindet sich nur leerer Raum. Und die Atome selbst sind auch so gut wie leer.

• Man könnte erwarten, dass es sich bei Atomen um kleine kompakte Kugeln wie Murmeln handelt, aber das stimmt nicht ganz, denn die Atome bestehen wiederum aus kleinen Teilchen: In der Mitte befindet sich ein Kern aus einem oder mehreren **Protonen**. Um diese wiederum bewegen sich **Elektronen**.

Die Anzahl der Protonen bestimmt, mit welchem Atom man es zu tun hat. Ein Wasserstoffatom hat zum Beispiel ein einziges Proton. Helium hat zwei, Lithium drei und so weiter ... bis du bei Oganesson landest. Das hat 118 Protonen. Mach dir keine Sorgen, wenn du noch nie davon gehört hast. Im Alltag begegnest du ihm nie und es schmeckt auch nicht lecker auf Brot.

Die Zahl der Elektronen stimmt genau mit der Zahl der Protonen überein. Wasserstoff hat also ein Elektron, Helium zwei, Lithium drei und so weiter.

Angenommen, du vergrößerst den Kern eines Wasserstoffatoms millionenmilliardenmal, bis er so groß ist wie eine Apfelsine. Dann kreist das Elektron in einer Entfernung von fünf Kilometern um diese Orange. So leer ist ein Atom also.

Elektronen sind unglaublich klein. Sozusagen unvorstellbar klein. Trotzdem haben sie offensichtlich gewaltige Ellenbogen, denn sie passen nicht durch jedes Loch. Doch dazu später. Komische Kerle jedenfalls, diese Elektronen.

• So ein Elektron benimmt sich ziemlich idiotisch. Pro Sekunde umrundet es sieben Billiarden Mal den Atomkern. Das ist eine 7 mit 15 Nullen dahinter ...

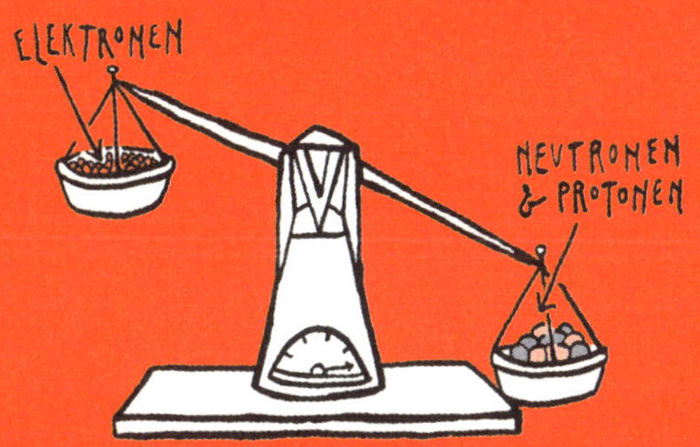

• Es gibt noch viel mehr Teilchen in einem Atom. Zum Beispiel **Neutronen**. Neutronen befinden sich zusammen mit Protonen im Atomkern. Normalerweise bemerkst du sie kaum, es sei denn auf einer Waage. Neutronen sind nämlich die schwersten Teile eines Atoms. Ein Neutron ist etwas schwerer als ein Proton und fast zweitausend Mal schwerer als ein Elektron.

• Neutronen werden hin und wieder mit **Neutrinos** verwechselt, aber das sind ganz andere Teilchen. Neutrinos ähneln halb einem Teilchen und halb einem Gespenst. Denn just in diesem Moment schießen allerlei Neutrinos aus der Sonne mitten durch dich hindurch, ohne dass du es spürst. Sie können sogar spielend eine Trillionen Kilometer dicke Bleitür durchdringen – jedenfalls wenn es so eine Tür gäbe ...

• Protonen und Neutronen wiederum bestehen aus noch kleineren Teilchen: den **Quarks**. Die gibt es in verschiedenen Sorten und Größen. Quarks sind auch wieder unglaublich klein. Sogar wenn du sie trillionentrilliardenfach vergrößern würdest, könntest du sie noch nicht festhalten.

• Außer den Quarks gibt es auch noch unter anderen **Photonen**, **Bosonen**, **Gluonen** und **Limonen** (entschuldige, das war ein dummer Witz). Alle haben eine eigene Aufgabe oder Funktion. Nur wissen wir noch längst nicht von jedem Teilchen, wofür es dient.

Bestehen all diese Teilchen aus noch kleineren Teilchen? Vielleicht ja ... Aber dazu später.

Du verstehst jetzt, wie ein gigantischer Stern zu etwas ganz Kleinem schrumpfen kann. Der Stern besteht aus winzigen Teilchen mit enorm viel Platz dazwischen. Unter bestimmten Umständen können diese Teilchen wie ein Schwamm in deiner Hand zusammengedrückt werden. Das klingt schon seltsam, aber gleich wird es noch viel verrückter mit den Elektronen und Photonen. Dann kapierst du auch, weshalb unvorstellbar kleine Teile doch noch ein Gewicht haben können. Das hat mit der berühmten Formel $E = mc^2$ von Albert Einstein zu tun. Aber erst setzen wir unsere Zeitreise fort.

KURZ MAL INNEHALTEN

Es ist schwierig, sich vorzustellen, wie klein die kleinsten Teilchen sind. Aber vielleicht hilft das: In dem Bereich unseres Weltraums, den wir mit allen möglichen Teleskopen sehen können, befinden sich mehr Sterne als Sandkörner auf der Erde. Und in einem Sandkorn wiederum sind mehr Moleküle als Sterne im sichtbaren Universum. Wenn du dann noch überlegst, dass diese Moleküle größtenteils leer sind, dann hast du vielleicht eine leise Ahnung, wie unvorstellbar klein die Elektronen und Quarks sind.

WENN DIR DER KOPF SCHWIRRT, MACH NOTIZEN, DAS HILFT!

ALLE ATOME auf der KARTE BILDEN
DAS PERIODENSYSTEM
ELEKTRON
PROTON
PROTON ist 2000x SCHWERER ALS EIN ELEKTRON
Wüste
GEHT'S NOCH TROCKENER?
H2O
JA! DAS PERIODENSYSTEM!
PERIODENSYSTEM DER ELEMENTE
NICHTMETALLE
METALLE
LANTHANOIDE
ACTINOIDE
GOLD
IST schwierig VORZUSTELLEN, KLEIN DIE EINSTEN CHEN
UND DAS IST MEIN Lieblingsteilchen
IN DEM TEIL DES WELTALLS, DEN WIR SEHEN KÖNNEN, SIND MEHR STERNE ALS SANDKÖRNER AUF DER ERDE. UND IN EINEM SANDKORN SIND MEHR MOLEKÜLE ALS STERNE IM SICHTBAREN UNIVERSUM. UND WENN DU DANN NOCH
BEDENKST, DASS DIE MOLEKÜLE zum GRÖSSTEN TEIL leer SIND, DANN HAST DU EINE VERMUTUNG, WIE klein DIE ATOME SIND
JAN PAUL LEGT LOS
HE lost IT
JAN PAUL ist VERRÜCKT
HU HU HU HU HU HU
SO UNGLAUBLICH KLEIN!
JETZT verstehst DU, WIE ein STERN AUF DIE GRÖSSE EINER STADT schrumpfen KANN
E=MC²
PHOTON
ABER ein TEELÖFFEL DAVON ist SCHWERER als die gesamte WELTBEVÖLKERUNG
0.000°C
NEBEN QUARKS gibt es auch noch
PHOTONEN =
BOSONEN =
GLUONEN =
QUARK
LIMONEN =

13,4 MILLIARDEN JAHRE ZURÜCK IN DER ZEIT

Inzwischen sind wir in unserer Gedanken-Zeitreise bereits ein ganzes Stück weitergekommen. Du kannst die Motoren deiner Zeitreisemaschine jetzt ruhig mal abstellen. Wir sind dort, wo wir hinmüssen: vor ungefähr 13,4 Milliarden Jahren. Hier und da scheint es, als würdest du Nebelwolken sehen. Wo sich der Nebel gelichtet hat, ist es besonders hell und du siehst einige Sterne. Fast könntest du glauben, du seist in einem anderen Weltall, so wenig ähnelt alles dem Sternenhimmel über unserer Erde. Da fehlt doch etwas rund um die Sterne! Aber was? Ach natürlich: Planeten! Nirgends ist auch nur ein einziger Planet zu entdecken. Das ist merkwürdig. Du richtest deinen Teilchendetektor auf die nächstgelegenen Sterne und den Raum dazwischen. Jetzt wird es noch verrückter. Dein Detektor zeigt an, dass es nur zwei Atome gibt: Wasserstoff und Helium. Sonst nichts ... keinen Kohlenstoff, keinen Sauerstoff, kein Eisen, nichts! Deswegen sind dort keine Planeten wie der Mars oder die Erde zu finden. Es gibt kein Material, aus dem man einen Berg oder einen Felsen machen könnte. Und Leben in diesem Weltall ist erst recht unmöglich.

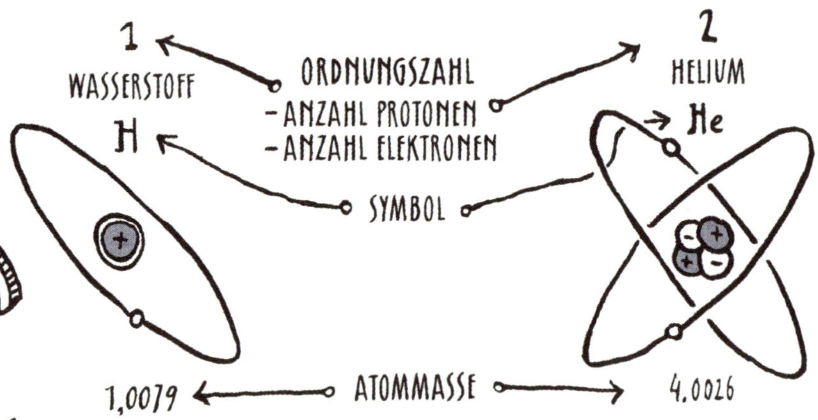

DER STEIN DER WEISEN

Der Weltraum auf dieser Zeitreise ist viel kleiner als der heutige Weltraum. Aber er ist immer noch so groß, dass man ihn sich nicht vorstellen kann. Weiter hinten siehst du bunte Lichtkugeln. Das müssen die explodierenden Sterne sein, die Supernovae. Sie sind zum Glück sehr weit von dir entfernt, sonst würde dich ihr Licht blenden. Etwas näher bei dir befindet sich noch ein weiterer Stern kurz vor der Explosion. Du lenkst dein Raumschiff dorthin und richtest deinen Teilchendetektor aus. Aber was ist *das*? Ist dein Detektor kaputt? Nein, dein Bordcomputer gibt exakt die gleichen Daten an. Das kann nicht wahr sein! Vor deinen Augen geschieht ein Wunder. Dieser Stern muss so etwas wie der Stein der Weisen sein ...

Der Stein, nach dem die Alchemisten jahrhundertelang suchten. Alchemisten waren Naturphilosophen, die aus einfachen Stoffen Gold herstellen wollten. Und mithilfe des Steins der Weisen konnte man jeden Stoff herstellen, den man nur brauchte. Er kommt sogar in den Harry-Potter-Büchern vor. Aber es gibt ihn natürlich nicht. Zumindest dachtest du das. Denn in diesem Stern entsteht ein neuer Stoff nach dem anderen.

DER STOFF, AUS DEM DIE STERNE SIND

Die Temperatur in dem Stern ist so hoch, dass die Kerne der Teilchen verschmelzen. Du bekommst also Kerne mit mehr Protonen und so entstehen neue Stoffe. Wasserstoff, dessen Kerne verschmelzen, wird zu Helium. Das geschieht in unserer Sonne am laufenden Band. Aber in Supernovae entstehen viel mehr Stoffe. Das tiefste Innere des Sterns wird so heiß, dass auch die Heliumkerne verschmelzen. So entstehen wieder andere Stoffe, die wiederum verschmelzen und neue Substanzen bilden: Lithium, Beryllium, Bor, Kohlenstoff, Sauerstoff, Eisen! Das alles passiert in dem Stern vor deinen Augen. Na ja, nicht gerade innerhalb weniger Minuten, aber es passiert. Alle Atome, aus denen du bestehst, stammen aus einer Supernova vor Milliarden von Jahren. Du bestehst buchstäblich aus dem Stoff, aus dem die Sterne sind! Davon ist kein Wort übertrieben. Dein Blut ist rot, weil es Eisen enthält, das in einem Stern entstanden ist. Auch alle anderen Stoffe in dir und um dich herum stammen aus Supernovae. Von Schwefel bis Blei und von Silber bis Gold.

Aber wie geht es weiter mit unserer Supernova, diesem Stein der Weisen? Die Reste, die übrig bleiben, ziehen einander wieder an und schrumpfen und schrumpfen. So werden sie kleiner, aber sie bleiben gleich schwer. Weil die Reste schrumpfen, werden sie unglaublich schwer für ihre Größe. Extrem schwer. Ultraschwer. Schließlich entsteht ein unvorstellbar kleiner Punkt, der so kompakt und schwer ist, dass nichts mehr daraus entkommen kann. Nichts. Nicht einmal Licht. Der Stern ist zu einem **Schwarzen Loch** geworden. Einem unsichtbaren Loch im Raum, das sich mit allem »vollfrisst«, was ihm zu nahe kommt. So wird das Schwarze Loch schwerer und schwerer und kann ganze Sterne verschlucken.

GLÜHEND HEISSE ERBSENSUPPE

In Schwarzen Löchern ist alles anders. Und vielleicht sogar noch merkwürdiger. Wir kennen den Weltraum als einen Raum mit Höhe, Breite und Tiefe, in dem die Zeit nur in eine Richtung geht, nämlich vorwärts. Die Höhe, Breite und Tiefe bilden so drei Raumdimensionen und Zeit die vierte. Manche Leute meinen, dass es in einem Schwarzen Loch auch vier Dimensionen gibt, doch dann mit drei Zeitdimensionen und einer einzigen Raumdimension, in der man nur vorwärts kann. Kannst du dir darunter etwas vorstellen? Na, ich nicht!

Jetzt müssten wir eigentlich noch weiter in der Zeit zurückreisen. Aber dann stoßen wir auf ein Problem. Es wird dunkel, wenn du so weit zurückgehst. Es gibt keine Sterne, die Licht ausstrahlen können. Wenn du noch weiter in der Zeit zurückreist, bis zu etwa 380 000 Jahren nach Beginn des Weltalls, ist auch nichts zu sehen. Aber aus einem anderen Grund. Der Weltraum ist da ein einziger großer undurchsichtiger Feuerball. So was wie tausend Grad warme Erbsensuppe, hauptsächlich aus Wasserstoff und Helium. Das sind nicht einmal echte Atome, denn sie zerfallen schon, bevor sie sich überhaupt gebildet haben. Noch weiter in der Zeit zurück wird es nicht gerade übersichtlicher. Deswegen endet unsere Zeitreise vorläufig hier. Zeit zum Aussteigen also! Denkst du bitte beim Verlassen deines Raumschiffs an dein Gepäck? Und achte bitte auf die Lautsprecherdurchsage.

— TEIL 2 —

EINE RUNDE WELTALL

TEIL 2

Unser Weltall besteht aus viel mehr als ein paar Galaxien mit Sternen und Planeten. Ja, das meiste in unserem Universum ist gar nicht sichtbar. So gibt es unsichtbare Kräfte und unsichtbare Teilchen, es gibt unsichtbares Licht und Ereignisse, die sich so weit von uns entfernt abspielen, dass sie unseren Blicken entzogen sind. Und sie alle sind wichtig.

Daher müssen wir unser Weltall erst noch besser kennenlernen, wenn wir wissen möchten, wie es entstanden ist. Mit diesen Informationen können wir uns dann weiter in die Geschichte unseres Universums vertiefen.

MERKWÜRDIGER MERKUR
DEIMOS
PUS MONS
GRÜSSE VOM MARS
MOND
DORT KANNST DU DICH ERDEN
TITANIA
I AM RANUS!
TITAN
ENCELADUS
TRITON
Saturn

SONNE
MERKUR
VENUS
ERDE
MOND
PHOBOS
DEIMOS
MARS
PLANETOID

DIE WELT DER GROSSEN DINGE

Wie kommen wir denn jetzt zum Ursprung des Weltalls? Wir können nur bis 380 000 Jahre nach dem Anfang zurückschauen, also wie könnten wir sonst dahinterkommen? Vielleicht, indem wir einfach genau hinsehen und anschließend gut nachdenken! Also schau dich mal um: Woher kommen die Dinge in deiner Umgebung? Der Holztisch stammt natürlich von einem Baum. Und der ist aus einem Samen eines früheren Baums gewachsen. Der Stoff deiner Jeans stammt von einer Baumwollpflanze, der Honig in deinem Joghurt aus Blütennektar: Wenn du gut hinschaust und ein wenig nachdenkst, kannst du herausfinden, woher die Dinge kommen. Ob das wohl auch für das Weltall gilt?

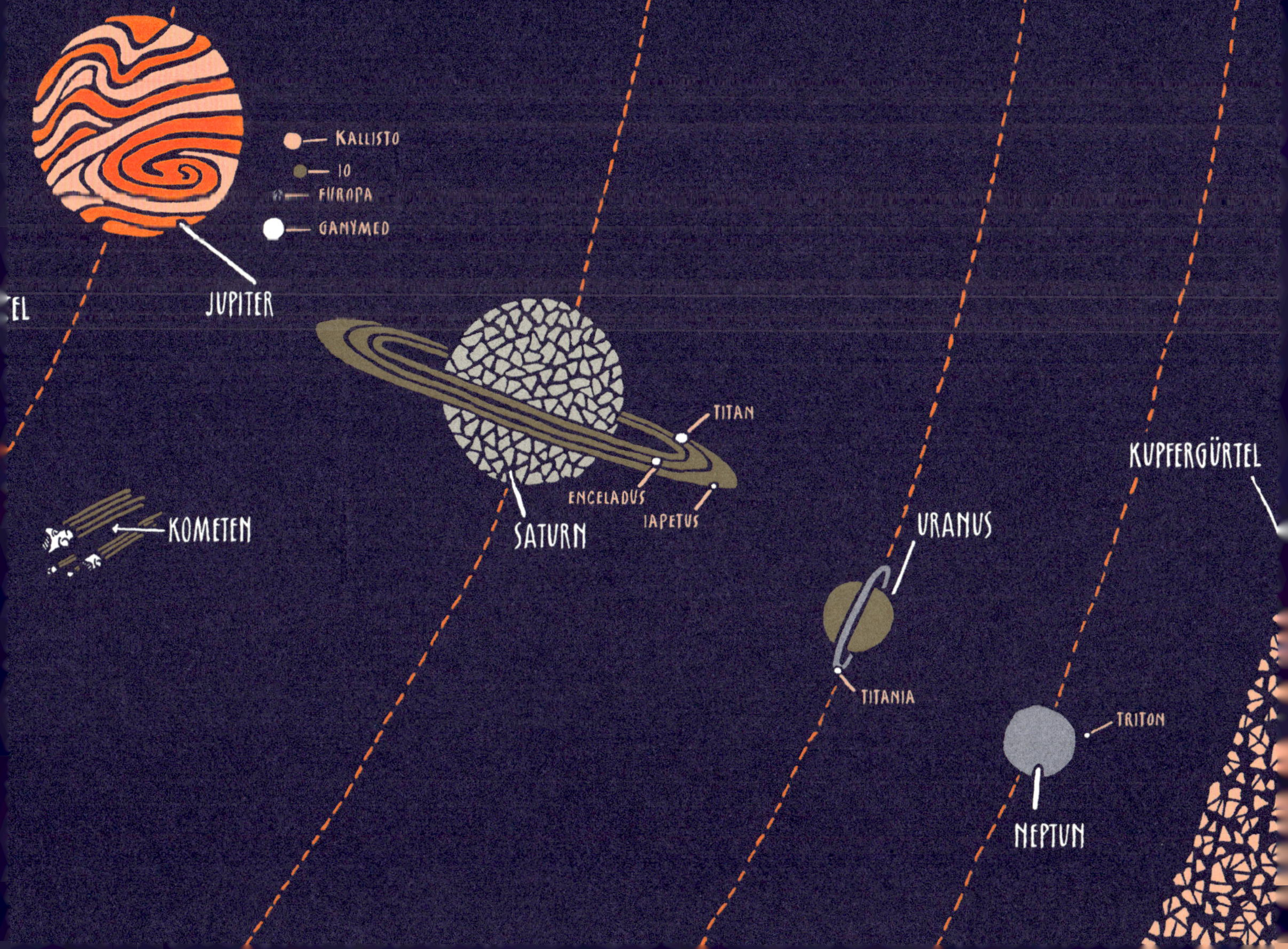

Im Weltall begegnen wir als Erstes unserem **Mond**. Ein Mond ist ein Himmelskörper, der um einen Planeten kreist. Wir sind längst nicht der einzige Planet mit einem Mond. Mondlose Ausnahmen unter den Planeten unseres Sonnensystems sind nur Venus und Merkur. Alle anderen Planeten haben sogar mehrere. Der interessanteste ist vielleicht der Mond Europa, der um Jupiter kreist. Der hat nämlich ein wenig Sauerstoff und flüssiges Wasser. Dort *könnte* es also Leben geben …

Apropos andere Planeten. Es gibt zwei Arten von **Planeten**. Planeten, die aus Gestein bestehen, wie Mars, Merkur und unsere Erde, und Planeten, die vor allem aus Gasen bestehen, wie Jupiter und Saturn. Auf diesen beiden Gasplaneten könnten wir nie wohnen. Würde man versuchen, dort mit einem Raumschiff zu landen, würde man mitten durch die Wolken fliegen und danach in glühend heiße Flüssigkeiten eintauchen. Und schließlich würde man an einem noch viel heißeren Kern zum Stillstand kommen, wenn man bis dahin nicht längst verbrannt wäre.

Anschließend begegnen wir unserer **Sonne**. Für uns ist dieser Stern lebenswichtig, ohne sie wäre die Erde ein lebloser Eisplanet. Vergleicht man sie mit anderen Sternen, ist unsere Sonne ganz normal. Sie fällt in die Kategorie **Gelber Zwerg**, ist also ungefähr durchschnittlich groß. Viele Sterne sind kleiner, aber es gibt auch bedeutend größere. Einer der größten Sterne, die wir kennen, ist der UY Scuti. Und im Vergleich zu diesem Stern ist unsere Sonne ein Sandkörnchen auf einem Tennisball.

Neben der Sonne und den Planeten gibt es auch **Zwergplaneten**. Der bekannteste unter ihnen ist Pluto. Jahrelang hielt man ihn einfach für einen Planeten, aber das wurde dann doch problematisch, denn echte Planeten haben eine so starke Schwerkraft, dass sie alle schweren Objekte in ihrer Bahn anziehen. Dafür ist Pluto zu leicht. Außerdem haben wir noch viel mehr und größere Zwergplaneten um die Sonne entdeckt. Würde man Pluto als echten Planeten bezeichnen, müsste man auch all die anderen »Kleinen« so nennen. Das wäre ein viel zu hoher Aufwand, deshalb gilt Pluto nun nicht mehr als Planet.

Bei der Entstehung unseres Sonnensystems wurde längst nicht alles Baumaterial verbraucht. Es schweben noch etwa 300 000 Felsbrocken und Steine rund um die Sonne – manche sind sogar gut tausend Kilometer groß. Dennoch sind die meisten dieser **Meteoriden** kleiner als ein Kieselstein. Manchmal landen sie auf der Erde und dann sieht man sie kurz davor als Sternschnuppe. Fast immer verbrennen sie in der Luft, bevor sie den Boden berühren.

Außerdem schweben auch noch gigantische Eiskugeln um die Sonne: **Kometen**. Meist haben sie einen langen Schweif aus Staub und Gas hinter sich. Ein solcher Schweif entsteht, wenn Eisteile in der Sonne schmelzen und sich vom Kometen lösen. Hin und wieder sind die Kometen auf ihrer Bahn um die Sonne in unserer Nähe und dann kann man sie mit bloßem Auge sehen. Manche Menschen behaupten, dass dann die Welt untergeht, aber bislang lagen sie damit falsch.

Jetzt haben wir so ziemlich das Wichtigste in unserem Sonnensystem gesehen. Aber es gibt noch viel mehr und dafür müssen wir weiter weg. So gibt es verschiedene Arten von **Sternen** oder Sonnen. Das liegt zum einen an den Phasen, die Sterne durchleben. Sonnen werden aus dem Staub und den Gasen geboren, die aus dem Restmaterial von Supernovas entstehen. Es dauert Hunderttausende von Jahren, bevor sich ein solcher Stern herausgebildet hat.

Sterne wie unsere Sonne verbrennen sehr langsam. Am Ende schwellen sie gigantisch an zu **Roten Riesen**. Der Stern wird dann so groß, dass er die Planeten in unmittelbarer Nähe verschluckt. Merkur und Venus werden sicher irgendwann auf diese Weise draufgehen,

TATSÄCHLICHES VERHÄLTNIS DER ENTFERNUNGEN ZWISCHEN DEN PLANETEN

die Erde vielleicht auch. Aber mach dir keinen Kopf, das passiert erst in etwa 5 Milliarden Jahren. Zu der Zeit wohnst du längst mit deinen Kindern auf dem Planeten Wukwuk 7.

Danach folgt ein Zeitraum, in dem sich der Stern ein paarmal ausdehnt und schrumpft. In dieser Phase verliert er viel Material, das ins All geblasen wird. Schließlich bilden die Reste einen glühend heißen **Weißen Zwerg**. Das ist ein Stern, der in etwa so groß ist wie die Erde, jedoch irre heiß. Ein Weißer Zwerg kühlt sehr langsam ab und wird schließlich zum **Schwarzen Zwerg**. Das Abkühlen dauert Milliarden und Abermilliarden Jahre. So lange vermutlich, dass es zum jetzigen Zeitpunkt noch keine Schwarzen Zwerge in unserem Weltall gibt.

Große schwere Sterne leben viel kürzer als unsere Sonne. Mit diesen Sternen passiert dasselbe wie mit einem der »Muttersterne« unserer Sonne, über die du schon in Teil 1 gelesen hast. Wenn ein solcher Stern explodiert, kommt es eben zu einer **Supernova**. Etwa 640 Lichtjahre von uns entfernt steht der Riesenstern Beteigeuze im Sternbild Orion. Dieses Sternbild ist nach einem griechischen Jäger benannt und dem ähnelt es tatsächlich auch etwas. Beteigeuze befindet sich am Ende seines Lebens und kann jeden Moment zerplatzen – vielleicht ist er auch schon längst explodiert, doch sein Licht hat uns noch nicht erreicht. Wenn das passiert, haben wir wochenlang so viel Licht wie bei einem zweiten Vollmond am Himmel. Danach wird unser Sternenhimmel

wieder normal. Na ja, was man normal nennt ... Orion fehlt in Zukunft eine Schulter!

Bei einer Supernova explodiert die äußere Hülle eines Sterns wie eine riesige Bombe. Das übrig gebliebene Material bildet dann einen **Neutronenstern**. Sterne drehen sich genau wie die Erde um ihre Achse, auch wenn sie schrumpfen. Was passiert mit einer Eiskunstläuferin, wenn sie Pirouetten dreht und sich kleiner macht? Dann dreht sie sich schneller. Genau das passiert auch mit einem Stern und darum kann der so unglaublich schnell kreisen.

Ein Neutronenstern, der sich so schnell dreht, heißt **Pulsar**. Ein Pulsar spendet kein Licht, aber von ihm geht eine gefährliche Strahlung aus. Diese Strahlung kommt von den beiden Polen, sodass er einem kreisenden Leuchtturmlicht ähnelt. Trotzdem kann es auf einem solchen Pulsar Leben geben. Dafür müsste es dort allerdings ziemlich anders aussehen als auf der Erde. Der Pulsar müsste zum Beispiel viel größer als diese sein und eine unglaublich dicke Atmosphäre haben. Die Atmosphäre würde die tödlichen Strahlen auffangen und sie in Wärme und Licht umwandeln, in denen Leben entstehen kann. Schon allein in unserer Milchstraße gibt es etwa 200 000 Pulsare, also wer weiß ...

Die größten Sterne schrumpfen und werden noch schwerer, sodass sie als **Schwarzes Loch** enden. Ein Schwarzes Loch ist höchstens einige Dutzend Kilometer groß und meist so schwer wie ein paar Sonnen. Und, o ja: vollkommen unsichtbar! Ein Schwarzes Loch können wir nur sehen, wenn wir die Umgebung betrachten. Stell dir vor, die Sonne wäre unsichtbar, dann würdest du an der Umlaufbahn der Planeten doch sehen, dass sie um irgendetwas kreisen. So ist das mit Schwarzen Löchern auch. Nur sehen wir dort keine Planeten, die um sie kreisen, sondern Sterne.

Die größten Schwarzen Löcher findet man im Zentrum einer Galaxie. Sie sind schwerer als Hunderte Millionen Sonnen zusammen. Sie schlucken so viele Sonnen, Gas und Materie, dass ein Teil davon mit irrer Geschwindigkeit aus dem Innersten herausschießt. Fast mit Lichtgeschwindigkeit, der höchstmöglichen Geschwindigkeit, die es gibt. Dadurch entsteht das hellste Licht, das über-

haupt existiert. Früher dachten Astronomen, dieses Licht käme von Sternen, die nicht sehr weit von uns entfernt seien. Heute wissen wir, dass es ein Ring aus Sternen ist, der um ein superschweres Schwarzes Loch kreist: ein **Quasar**. Quasare sind unglaublich helle Lichtquellen, die extrem weit von uns entfernt und damit sehr alt sind.

Es gibt noch viel mehr Sternarten, wie Rote Zwerge, Orange Zwerge, Blaue Riesen, Superriesen. Insgesamt befinden sich in der Milchstraße mehr Märchenfiguren als in einem durchschnittlichen Zauberwald! Dann gibt es auch noch Sternarten, denen wir noch nie begegnet sind, die aber wahrscheinlich irgendwann existieren können. Aus Roten Zwergen könnten beispielsweise Blaue Zwerge werden. Wenn das wirklich stimmen sollte und ich ein Sternforscher wäre, würde ich sie doch lieber »Schlümpfe« nennen.

Unsere Galaxie, die **Milchstraße**, ist also ein **Sternsystem**. Eine Spirale aus hundert Milliarden Sternen (oder vielleicht ja auch viel mehr, sie lassen sich so schwer zählen ...) in Form eines Spiegeleis: In der Mitte rund um das Schwarze Loch ist sie verdickt, weiter hinten kreist alles wie eine flache Scheibe um die Mitte. Ein Lichtstrahl braucht 120 000 Jahre, um von der einen zur anderen Seite zu reisen. Natürlich ist die Milchstraße nicht das einzige Sternsystem. Zurzeit gehen wir davon aus, dass es vielleicht zweitausend Milliarden Galaxien im Universum gibt.

Sind wir jetzt durch? War das nun das ganze Universum? Nein, es gibt noch mehr. So können wir zum Beispiel schauen, wie die Sternsysteme über das Weltall verteilt sind. Vollkommen willkürlich verteilt? In Gruppen? Beides? Ja, irgendwie schon. Wenn man sich Abbildungen vom Weltall anschaut, sieht man, dass sie als Ansammlungen, sogenannte **Cluster,** auftauchen. In Schlieren, Klumpen und Büscheln und dazwischen – nichts.

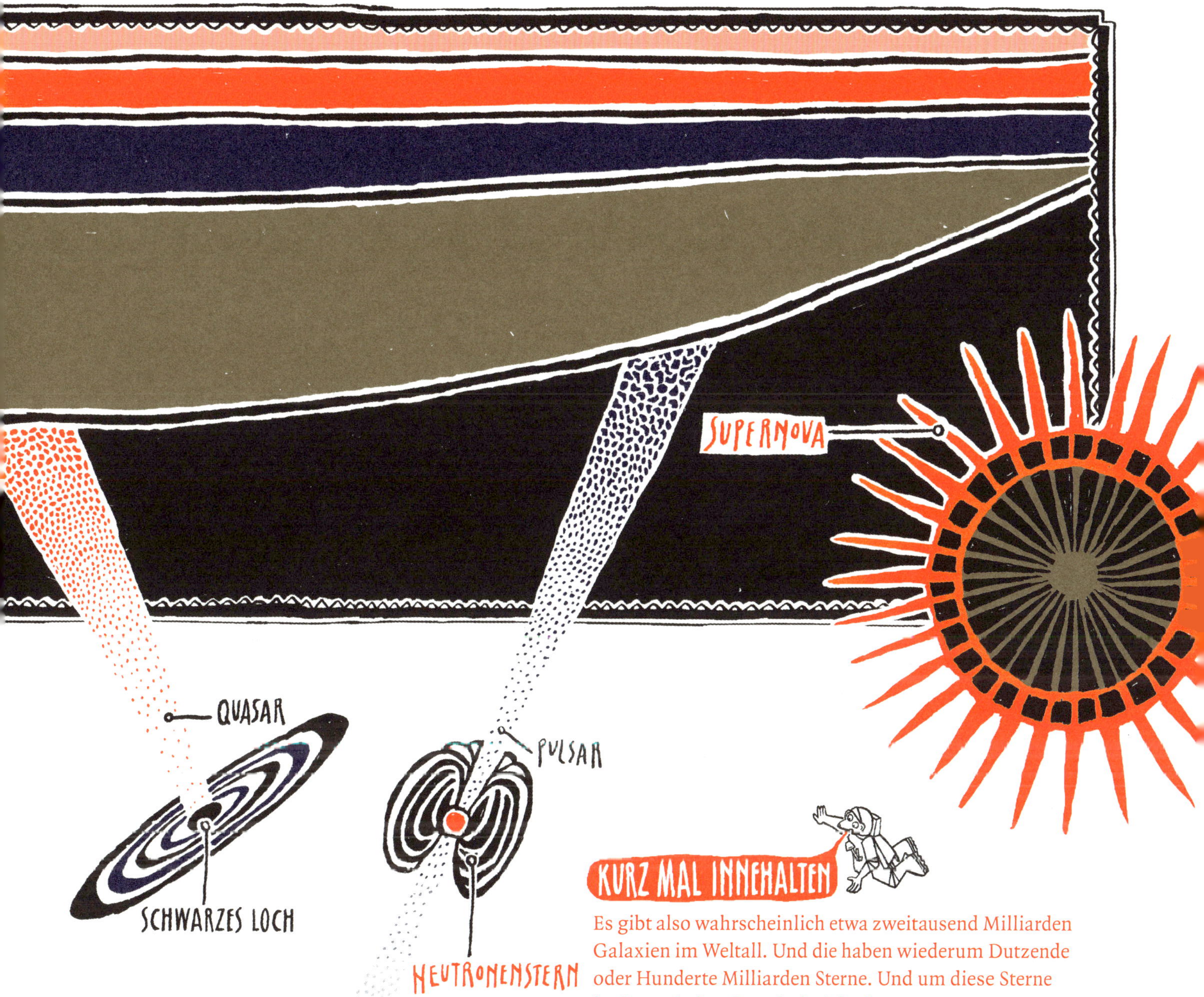

Du solltest auch wissen, dass sich die Galaxien immer weiter auseinanderbewegen. Die meisten bewegen sich von uns weg. Und je weiter ein Sternsystem von unserer Galaxie, der Milchstraße, entfernt ist, desto schneller scheint es zu gehen. Als hätten sie es besonders eilig, von uns wegzukommen!

So sieht also unser **Weltall**, unser **Universum,** aus. Sind wir jetzt am Ziel? Haben wir jetzt alles? Nein, wahrscheinlich nicht! Aber was es sonst noch gibt, hebe ich mir noch einen Moment für später auf …

KURZ MAL INNEHALTEN

Es gibt also wahrscheinlich etwa zweitausend Milliarden Galaxien im Weltall. Und die haben wiederum Dutzende oder Hunderte Milliarden Sterne. Und um diese Sterne kreisen wieder gigantisch viele Planeten – so unvorstellbar viele, dass auf diesen entfernten Planeten mit ziemlicher Wahrscheinlichkeit auch Leben entstanden ist. Vielleicht sogar viel intelligenteres Leben als auf unserem Planeten. Die Wahrscheinlichkeit, mit diesem außerirdischen Leben in Kontakt zu treten, ist allerdings sehr klein. Allein schon die Reise zu einem solchen Planeten würde mit einer normalen Rakete sicherlich Milliarden Jahre dauern. Und wenn wir heute von Wesen auf einem fernen Planeten entdeckt würden und sie uns eine Nachricht schicken wollten, würde es mindestens ein paar Jahrhunderte dauern, bis wir sie erhalten.

2 GALAXIEN, 1 ZUSAMMENPRALL

Warum entfernen sich alle Galaxien von uns? Haben wir was falsch gemacht? Stinkt unsere Milchstraße vielleicht? Hm. Nun, es gibt ganz sicher einige Stellen in der Milchstraße, wo es abscheulich riecht, aber das ist nicht der Grund, warum alles so schnell davonfliegt. Außerdem kommen auch einige Galaxien auf uns zu. Mit einer von ihnen, der Andromedagalaxie, werden wir sogar irgendwann zusammenstoßen. Das klingt dramatischer, als es ist: zwei Galaxien aus Hunderten von Milliarden Sternen, die zusammenprallen. In Wirklichkeit sind diese Sternsysteme so leer und die Sterne liegen so weit auseinander, dass höchstwahrscheinlich kein Stern auf einen anderen prallt, allerdings werden die Bahnen aller Planeten und Sterne dann ziemlich auseinandergezogen. Aber das dauert noch ein paar Milliarden Jahre. Und im Übrigen – bevor es dazu kommen kann, wird die Sonne die Erde schon längst vernichtet haben ...

Aber wo war ich stehen geblieben? O ja: Die weitaus meisten Galaxien scheinen von uns wegzufliegen. Mit Betonung auf dem Wort »scheinen«, denn in Wirklichkeit ist es anders. Genauer gesagt, bewegt sich nämlich fast alles voneinander weg. Sprich, die anderen Galaxien bewegen sich genauso schnell voneinander weg wie von uns. Wohnt man in Sternsystemen wie dem Strudelnebel oder dem Sombrero-Nebel, sieht man die anderen Sternsysteme genauso schnell wegziehen wie von der Milchstraße aus. Unser Weltall wird immer größer. Und deswegen werden auch die Räume zwischen den Sternsystemen immer größer.

DAS BLAUBEERKUCHENWELTALL

Unser Weltall ähnelt einem Rührkuchen mit Blaubeeren, der im Ofen aufgeht. Während der Kuchen wächst, wird der Abstand zwischen den Blaubeeren immer größer. Die Blaubeeren wachsen natürlich nicht selbst, genauso wenig wie die Erde oder die Sonne. Und sogar die Milchstraße bleibt immer ungefähr gleich groß. Nur der Raum zwischen den »Blaubeeren« wächst. Aber wenn du eine Blaubeere in diesem Kuchen bist, bewegen sich die am weitesten entfernten Beeren am schnellsten von dir weg, weil sich der Raum im Kuchen auch ausdehnt. Manche Galaxien bewegen sich sogar schneller als das Licht von uns weg. Jetzt sind sie zwar noch zu sehen, aber in Zukunft nicht mehr. Andere, noch weiter entfernte Galaxien, sind schon jetzt nicht mehr zu sehen und werden nie mehr zu sehen sein.

Aber ... wenn nichts schneller ist als das Licht ... wie ... kann es dann sein ... dass sich diese Galaxien schneller als das Licht von uns wegbewegen? Tja. Das klingt wie ein Widerspruch, ist es aber nicht. Denn keine einzige Galaxie bewegt sich schneller als das Licht durch den Raum. Wir nicht und die ganz weit entfernten auch

nicht. Es ist der Raum selbst, der sich ausdehnt. Der schiebt die Sternsysteme immer weiter auseinander und wächst unterdessen gewaltig. So kann der Abstand zwischen zwei Punkten im Raum schneller als mit Lichtgeschwindigkeit wachsen, obwohl kein einziger Punkt so superschnell durch den Raum fliegt.

FÜNF PLUS FÜNF IST MEHR ALS ZEHN

Stell dir vor, du läufst auf einem riesigen Gummiband, das sich immer weiter dehnt. Du legst fünf Kilometer pro Stunde zurück. Jemand anders läuft in die andere Richtung, auch mit fünf Kilometern pro Stunde. Dann bewegt ihr euch mit mehr als zehn Kilometern pro Stunde voneinander weg, weil das Gummiband die Entfernung zwischen euch zusätzlich vergrößert. Und je weiter man voneinander entfernt ist, desto wichtiger wird die Rolle des Gummibands.

Falls du das schwierig oder uninteressant findest: macht nichts. Es ist nicht so wichtig. Hauptsache, du behältst, dass sich nichts schneller durch den Raum bewegen kann als das Licht. *Das* ist wichtig. Aber darüber reden wir später.

6 000 000 000 000 000 000 000 000 KILOGRAMM ERDE

Gut. Was haben wir aus der letzten Raumreise gelernt? Eine ganze Menge. So kreisen Gegenstände im Weltall anscheinend gern. Der Mond kreist um die Erde, gemeinsam kreisen sie um die Sonne und die Sonne wiederum kreist um den Mittelpunkt der Milchstraße, die ebenfalls kreist. Des Weiteren sind Sterne und Galaxien nicht gern allein, sondern lieber in Gruppen. Zwar meist Milliarden Kilometer voneinander entfernt, aber trotzdem. Planeten sind auch fast immer in der Nähe von Sternen zu finden. Je schwerer ein Gegenstand ist, desto mehr zieht er an: Schwarze Löcher und große Sterne haben eine unvorstellbar große Anziehungskraft. Es muss also eine Kraft geben, die alles aufeinander zu bewegen und kreisen lässt. Von dieser Kraft hast du garantiert schon mal gehört: Das ist die Schwerkraft.

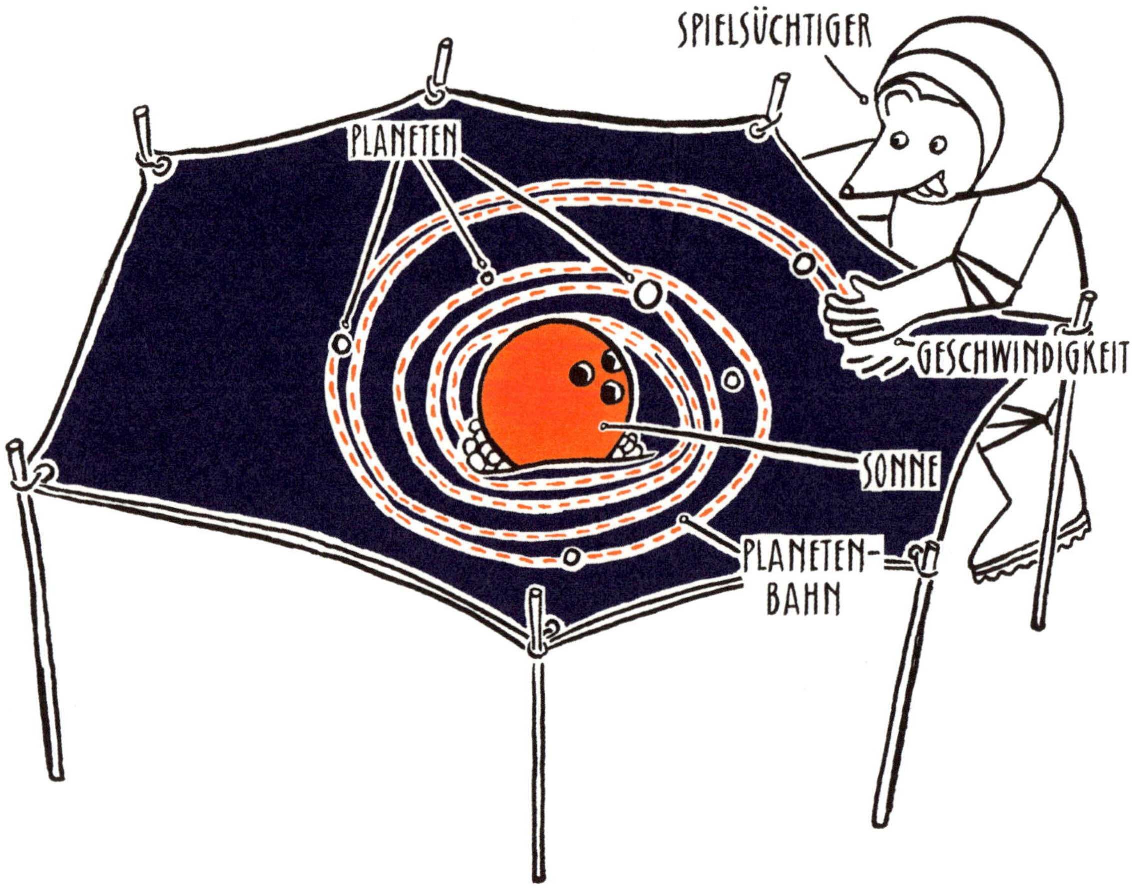

WARUM DU NIE VON DER ERDE FÄLLST

Wenn du einen Fußball hoch in den Himmel schießt, landet er dank der Schwerkraft wieder auf der Erde. Logisch. Die Schwerkraft bremst den Ball ab, deswegen verringert er seine Geschwindigkeit immer mehr, kommt zum Stillstand und fällt wieder zurück. Und jetzt stell dir mal vor, es gäbe keine Schwerkraft. Dann würdest du beim nächstbesten Luftsprung von der Erde runterfliegen und im All landen. Das ist für einen Moment angenehm, wenn du keine Lust hast, zur Schule zu gehen. Aber danach wird es doch leicht problematisch. Je höher du steigst, desto weniger Sauerstoff bekommst du. Und ab einer Höhe von zehn Kilometern ist es auch bald mehr als sechzig Grad unter null. Kurz: doch ganz schön, die Schwerkraft!

Viele Leute stellen sich die Schwerkraft wie die unsichtbare Kraft eines Magneten vor. Aber es gibt gewaltige Unterschiede. So ist ein Magnet zum Beispiel viel stärker. Halte doch mal einen über einen Nagel: Dieser kleine Magnet, der gerade mal ein paar Gramm wiegt, zieht den Nagel an und ist damit stärker als die Schwerkraft der sechs Quadrillionen (das ist eine Sechs mit vierundzwanzig Nullen dahinter) Kilogramm unseres Planeten Erde! Außerdem kann ein Magnet einen anderen Magneten nicht nur anziehen, sondern auch abstoßen. Die Schwerkraft dagegen zieht immer nur an und stößt nie ab. Was auch besonders ist: Im Beispiel von oben zieht die Erde nicht nur den Ball an, der Ball zieht auch die Erde an! Jeder Gegenstand mit einem Gewicht hat Einfluss auf einen anderen Gegenstand mit einem Gewicht. Alles mit Schwerkraft zieht sich gegenseitig an.

BOWLEN MIT DER ERDE

Es gibt daher auch eine bessere Möglichkeit, die Schwerkraft zu erklären. Stell dir ein großes Laken vor, das straff gespannt mit den Ecken an Pfosten befestigt wurde. In die Mitte dieses Lakens legst du eine Bowlingkugel. Wenn du jetzt mit Schwung eine Murmel auf das Laken wirfst, wirst du sehen, dass sie sich in einem Bogen in Richtung der Kuhle deiner Bowlingkugel dreht. Schwerkraft wirkt genauso. Die Bowlingkugel krümmt die Oberfläche, auf der die Murmel rollt. So, kannst du dir vorstellen, krümmt auch die Schwerkraft den Raum. Die Murmel wird natürlich von der Reibung des Lakens und der Luft gebremst. Aber jetzt stell dir mal vor, da wären weder Laken noch Luft, und Murmel

und Bowlingkugel würden im Raum schweben. Dann würde die Murmel ihre Geschwindigkeit behalten und fröhlich ihre Runden um die Kugel drehen, weil es keine Reibung gäbe. Je höher ihre Geschwindigkeit, desto größer ist die Bahn der Murmel. Je niedriger ihr Tempo, desto größer ist die Chance, dass die Murmel sich der Bowlingkugel annähert.

In unserer Milchstraße kreisen übrigens fast alle Sterne in derselben Richtung um die Mitte. Das ist kein Zufall. Denn stell dir mal vor, du hättest eine große schwere Kugel im Raum und du würdest von beiden Seiten Murmeln auf ihre Umlaufbahn werfen. Was passiert dann? Die Murmeln würden zusammenprallen. Wenn du einfach draufloswerfen würdest, wären auf der einen Seite der Kugel mehr Murmeln als auf der anderen. Angenommen, die meisten Murmeln würden linksrum kreisen. Bei einem Zusammenprall ändern die Murmeln ihre Richtung. Und weil die meisten Murmeln linksrum kreisen, werden die meisten Entgegenkommenden auch in eine Bahn geschleudert werden, die linksrum verläuft. Meistens berühren sie sich nicht, aber die Schwerkraft ändert ihre Richtung, bis schließlich jede Murmel in der gleichen Richtung kreist. In der Milchstraße geht das ganz genauso: Die Mehrheit der Sterne hat das Sagen. Ganz selten kreist ein Stern doch mal falsch herum. So ein Geisterkreisler ist dann aus einem anderen Sternsystem ausgebrochen und in umgekehrter Richtung in einem neuen System gelandet.

ÜBER 25 PROZENT WAS-WEISS-ICH-FÜR-MATERIE

Sternsysteme sind flache, pfannkuchenartige Scheiben. Warum sie flach sind, weißt du noch aus Teil 1 - je schneller sich das Kettenkarussell dreht, desto weiter bewegen sich die Sitze von der Mitte weg und desto horizontaler stehen die Ketten. Die Sterne im Inneren eines Sternsystems drehen die kürzesten Runden um die Mitte, an der Außenseite ist eine Runde viel länger. Logisch, denn dort müssen sie viel größere Entfernungen zurücklegen, um die Runde zu vollenden. Schön. Fertig. Nächstes Kapitel, würdest du denken. Aber so ist es nicht. In unserem Weltall stimmt nämlich etwas ganz und gar nicht ...

ES IST EIN WUNDER!

Stell dir vor, du sitzt in einem Kettenkarussell. Du drehst dich mit Höchstgeschwindigkeit – und da knipst irgendein gemeiner Kerl deine Ketten durch! Was passiert? Du fliegst mit einem Affenzahn aus der Kurve und knallst ein gutes Stück weiter hinten runter. Aua! Aber jetzt mal angenommen, jemand knipst die Ketten durch und du schwebst trotzdem fröhlich in deiner Karussellbahn im Kreis. Wie, das geht doch gar nicht? In einem Sternsystem funktioniert das aber sehr wohl. Die äußersten Sterne haben viel zu viel Schwung und müssten eigentlich volle Kanne aus der Kurve fliegen. Denn wenn man die Schwerkraft im Zentrum eines solchen Sternsystems berechnet, dann ist die längst nicht stark genug, um die Sterne in ihrer Bahn zu halten. Egal wie oft die Sternforscher ihre Berechnungen machen – sie kommen einfach nicht dahinter! Schließlich ist nur eine einzige Lösung denkbar: Die Schwerkraft in den Sternsystemen muss größer sein. Größer jedenfalls als die Masse aller Sterne und Planeten zusammen. Aber wie kann das sein?

UNSICHTBARE MATERIE IN DEINEM KOPF

Die logischste Erklärung für den »Nicht-aus-der-Kurve-fliegen-Effekt« ist, dass es in unserem Weltall noch mehr Materie geben muss, die die Schwerkraft verursacht. Materie, die wir nicht sehen können und von der du nichts merkst, die aber dennoch überall vorkommt. Auch in unserer Galaxie, der Milchstraße. Vielleicht auch bei dir in der Straße. Bei dir zu Hause. In deinem Zimmer. In deinem Bett. In deinem Kopf! Arrrgh! Noch schlimmer – es kann auch gar nicht mal so wenig von dieser unsichtbaren Materie sein, sondern eher unglaublich viel. Wenn man den Sternforschern glauben kann, gibt es mehr unsichtbare Materie als sichtbare! Wie viel? Mehr als ein Viertel des Weltalls muss aus dieser unsichtbaren Materie bestehen. Das ist mehr als fünfmal so viel wie sichtbare Materie. Und woraus besteht dann das restliche Weltall? Aus etwas noch viel Seltsamerem. Aber das heben wir uns noch für später auf.

DUNKLE MATERIE, DIE NICHT DUNKEL IST

Nun kann man unsichtbarer Materie sehr viele Namen geben: durchscheinende Materie, Glasmaterie, Geistermaterie, Zauberermaterie, Vielleicht-winzig-kleine-Materie, Was-weiß-ich-für-Materie. Aber die Sternforscher nennen sie **Dunkle Materie**. Und das ist natürlich ein bisschen dumm. Denn wenn diese Materie dunkel wäre, würden wir sie ja auf jeden Fall sehen können, weil sie das Licht blockierte. Dunkle Materie ist also nicht dunkel. Woraus sie besteht? Das weiß keiner. Wahrscheinlich sind es Teilchen, die sich genau wie Neutrinos aus nichts was machen und extrem klein sind. Es gibt sogar Sternforscher, die glauben, dass es diese Dunkle Materie überhaupt nicht gibt. Aber außer dem Kettenkarussellgeheimnis gibt es noch mehr sehr starke Hinweise darauf, dass die unsichtbare, äh, Dunkle Materie, unser Weltall schon ziemlich gut füllt.

KURZ MAL INNEHALTEN

Warum sollten wir diesen Sternforschern eigentlich Glauben schenken? Woher wissen die alles so sicher? Nun, es ist schwierig, ihre Genialität zu überschätzen. Ein Beispiel: Am 12. November 2014 gelang es den Mitarbeitern der Raumfahrtorganisation ESA, ein kleines Gerät auf einem Kometen landen zu lassen. Das Gerät, der Philae, musste dafür eine Entfernung von 6,4 Milliarden Kilometern zurücklegen. Die Reise dauerte immerhin zehn Jahre. Nach diesen zehn Jahren landete es genau dort, wo es hinsollte: auf 67P, auch Tschuri genannt, einem Kometen, der vier Kilometer breit ist und mit einer Geschwindigkeit von 55 000 Kilometern pro Stunde durch unseren Weltraum schießt.

Nun, wenn es Menschen gelingt, ein Raumfahrzeug auf einem Kometen von vier Kilometern Durchmesser landen zu lassen, der mit 55 000 Kilometern pro Stunde Milliarden von Kilometern von uns entfernt unterwegs ist, dann haben diese Menschen meiner Meinung nach genügend Wissen und Erfahrung, um als sehr zuverlässig zu gelten.

DIE 4 KRÄFTE, DIE FAST ALLES IM WELTALL BESTIMMEN

Dunkle Materie können wir weder sehen noch messen. Das liegt daran, dass sie sich vollkommen anders verhält als andere Teilchen. Sie fühlt sich nur von der Schwerkraft angezogen. Alle anderen Kräfte lässt sie links liegen. Wenn du Dunkle Materie suchst, hilft dir zum Beispiel ein Magnet nicht weiter. Und das ist bemerkenswerter, als du vielleicht denkst. Denn wenn sich eine Kraft gern in alles einmischt, dann die magnetische! Oder besser gesagt, die **elektromagnetische Kraft**, denn so heißt sie offiziell. Also eine Kraft aus Magnetismus und Elektrizität. Denn diese beiden haben eine Menge miteinander zu tun. Das kannst du schon durch ganz simple kleine Versuche entdecken.

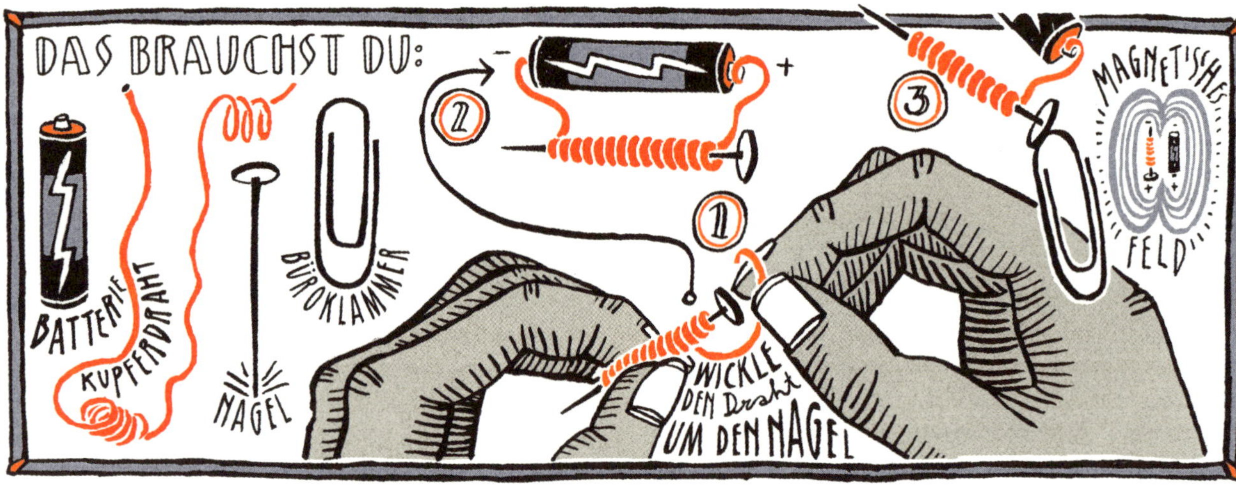

WIE DU AUS EINEM NAGEL EINEN MAGNETEN MACHST

Wickele doch einmal ein langes Stück Kupferdraht ganz oft um einen Nagel, sodass ein Drahtende am Nagelkopf liegt, das andere an seiner Spitze. Halte ein Ende des Drahts an die Minusseite einer großen Batterie und das andere Ende an die Plusseite. Jetzt ist aus deinem Nagel ein Magnet geworden: Überprüfe es ruhig mal mit einer Büroklammer aus Metall! Mit elektrischem Strom kannst du also einen Magneten herstellen und das funktioniert auch umgekehrt. Wenn dein Fahrrad einen Dynamo hat, weißt du das schon: Im Dynamo befindet sich ein Magnet, der beim Drehen Strom in einem Kupferdraht erzeugt. Und siehe da, deine Lampe brennt!

Diese elektromagnetische Kraft steckt in allem, was wir um uns herum sehen. In den Atomen spielt sie eine unglaublich wichtige Rolle. Elektronen haben eine negative, Protonen dagegen eine positive Ladung. Deswegen ziehen sie sich gegenseitig an. Und umgekehrt stoßen sich gleiche Teilchen ab: Elektronen interessieren sich nicht für andere Elektronen. Protonen interessieren sich auch nicht für andere Protonen, aber dennoch können mehrere Protonen in einem Atomkern stecken. Das liegt an einer weiteren Kraft: der **starken Kernkraft**. Die hält alles innerhalb des Kerns zusammen. Und es gibt auch noch eine vierte Kraft: die **schwache Kernkraft**. Aber die werde ich dir ersparen, denn die elektromagnetische Kraft ist viel spannender.

WIE DU AUS EINEM PAPIERSCHNIPSEL EINE BOMBE MACHST

Die elektromagnetische Kraft zwischen den Teilchen sorgt dafür, dass du nicht durch den Sitz rutschst, dein Stuhl nicht im Boden versinkt und der Boden nicht unter deinen Füßen zerfällt. Sie sorgt dafür, dass alles fest ist und an seinem Platz bleibt. Das bedeutet, dass die Kraft ungeheuer stark sein muss – und das ist auch so. Wie stark? Nun, du kennst ja mittlerweile die Schwerkraft. Die Kraft, mit der sich ein Elektron und ein Proton gegenseitig anziehen, ist – halt dich fest – tausend Millionen Millionen Millionen Millionen Millionen Millionen Mal stärker als die Schwerkraft. Wenn diese zwei Kräfte Armdrücken machen würden, ist leicht zu erraten, wer gewinnen würde!

Wir machen mal ein nettes Gedankenexperiment, damit du siehst, wie stark die elektromagnetische Kraft ist: Stell dir vor, du hättest ein Stück Papier, das so groß ist wie dieses Wort: KABUMM! (also ungefähr zwei Zentimeter auf einen halben Zentimeter). Angenommen, die Protonen und die Elektronen in diesem Papierschnipsel beschließen plötzlich, sich nicht anzuziehen, sondern abzustoßen. Dann kommt es zu einer Explosion. Aber wie groß ist diese Explosion? So groß wie die einer Knallerbse? Nein, größer. Einer Bombe dann vielleicht? Noch größer. Einer Atombombe? Größer. Tausend Atombomben? Natürlich größer. Okay – dann der planetenvernichtende *Death Star* aus *Star Wars*? Hach, endlich! Bingo! Dieser kleine Fetzen Papier würde genügend Kraft liefern, um die ganze Erde in die Luft zu jagen!

WIE DU AUS EINEM LUFTBALLON EINEN STAUBSAUGER MACHST

He, aber warte mal! Wenn die elektromagnetische Kraft in allem um uns herum vorkommt, warum ist dann nicht alles magnetisch? Ganz einfach: In einem Atom befinden sich genauso viele Protonen wie Elektronen. Sie heben gegenseitig ihre Ladung auf und halten sich im Gleichgewicht. Elektrizität entsteht, wenn an einer Stelle mehr Elektronen sind als an einer anderen Stelle. In einem solchen Fall gibt es elektrische Spannung. Die Elektronen aus dem Bereich, in dem viel Betrieb herrscht, bewegen sich in den ruhigen Bereich und so entsteht Strom. Und den wiederum kannst du nutzen, um Lampen leuchten zu lassen, Staubsauger zum Saugen zu bringen und auf Fernsehmonitoren Bilder zu erzeugen. Auch mit einem Luftballon und einem Wollpullover kannst du Strom erzeugen. Wenn du den Ballon über den Pullover reibst, springen Elektronen vom Pullover auf den Ballon. Der Luftballon bekommt dann so viel elektrische Ladung, dass er Papierschnipsel und deine Haare anzieht!

Schwerkraft, elektromagnetische Kraft, starke Kraft, schwache Kraft: Das sind die vier Grundkräfte, die bei allem im Weltall mitspielen. Bei aller Materie: der normalen Materie, der Dunklen Materie und der sonstigen Materie. Vielleicht sollten wir jetzt mal über Letztere reden. Denn die sonstige Materie macht nicht nur etwa 70 Prozent des Weltalls aus, sondern ist auch noch sehr seltsam. Tatsächlich ist sie sogar schwieriger zu verstehen als Liedtexte rückwärts auf Aserbaidschanisch. Allein schon, weil sie gar keine Materie ist, sondern eine Kraft …

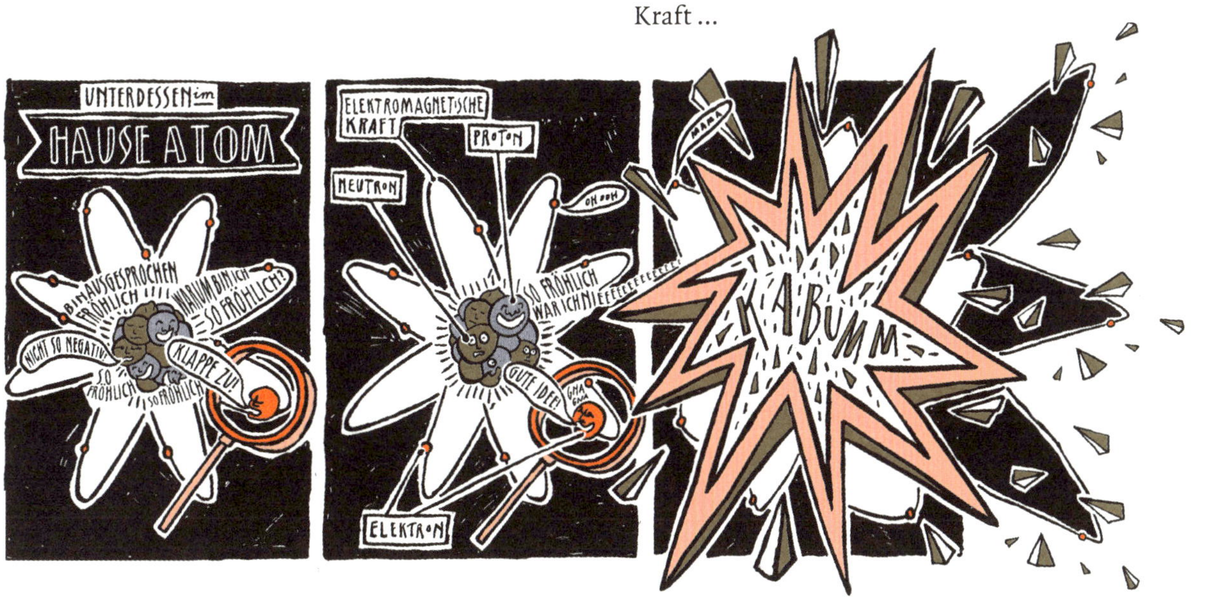

3 MÖGLICHKEITEN, WIE UNSER WELTALL ENDEN KÖNNTE

Gleich werden wir über diese geheimnisvolle Kraft reden. Aber erst gehen wir noch ein wenig näher auf die Schwerkraft ein. Daran sind wir hier auf der Erde gewöhnt: Du schießt einen Ball in die Luft, er bremst und fällt wieder auf den Boden. Vollkommen normal. Du schießt eine Kugel in die Luft und es passiert genau das Gleiche. Auch logisch. Und meistens ist das auch überhaupt kein Problem. Meistens. Raumfahrer dagegen haben schon ziemliche Schwierigkeiten damit. Erstens braucht es wegen der Schwerkraft eine enorme Geschwindigkeit, um von der Erde wegzukommen. Und zweitens braucht es jede Menge Treibstoff, um diese Geschwindigkeit auch zu halten, damit man schließlich in den Weltraum gelangt. Und drittens hat dieser Treibstoff ein enormes Gewicht, sodass man einen wahnsinnig starken Motor braucht. Sonst passiert der Rakete das Gleiche wie dem Ball: Sie stürzt auf die Erde zurück.

Wenn eine Rakete sehr weit hinaus ins Weltall muss, dann wenden Raumfahrtorganisationen einen cleveren Trick an: Sie nutzen die Schwerkraft! Nicht die der Erde, sondern die anderer Himmelskörper. Erst richten sie die Rakete zum Beispiel auf den Mond aus, damit sie auch von ihm angezogen wird. Wenn die Rakete am Mond vorbei ist, schießt sie mithilfe der Schwerkraft der Sonne weiter. Danach wird sie vom Jupiter angezogen und so fort. Schließlich schwenkt sie in die richtige Richtung. Das funktioniert natürlich nur, wenn die Himmelskörper exakt richtig stehen, aber das kann man berechnen. Auf dieselbe Weise könnte man in Gedanken auch einen Ball auf den Jupiter schießen. Aber dann müsste dieser Ball unglaublich strapazierfähig sein und eine gewaltige Geschwindigkeit draufhaben.

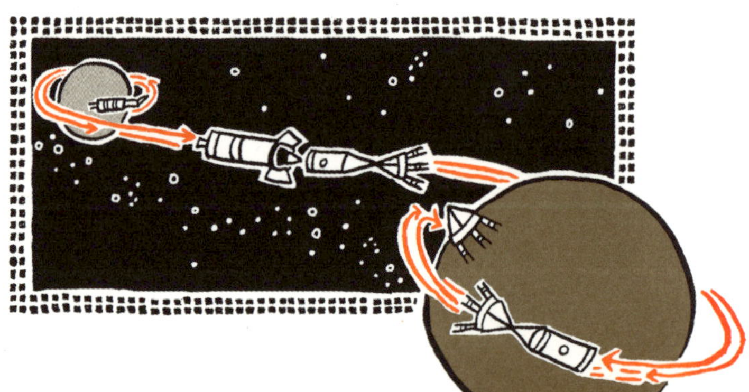

WIRD UNSER WELTALL LETZTENDLICH GRÖSSER ODER KLEINER?

Jetzt weißt du alles, was du zum Verständnis dieser geheimnisvollen neuen Kraft brauchst. Denn die Sternsysteme im Weltall haben mit genau der gleichen Schwerkraft zu tun wie der Ball auf der Erde und müssen sich demnach auch genauso verhalten. Die Sternsysteme bewegen sich mit hoher Geschwindigkeit auseinander, aber sie müssen schließlich durch die Schwerkraft auch abbremsen – genau wie ein Ball, den du in die Höhe schießt. Und wenn du genau nachdenkst, sind drei Dinge möglich.

DIE ERSTE MÖGLICHKEIT IST VIELLEICHT AM WAHRSCHEINLICHSTEN:

Wenn wir einen Ball hochschießen, landet er schließlich wieder auf der Erde. Die Schwerkraft gewinnt. Das könnte auch sehr gut mit den Sternsystemen passieren. Das Weltall schrumpft wieder und es wird ganz gemütlich mit all den näher rückenden Galaxien. Etwas zu gemütlich vielleicht, denn schließlich wird alles aufeinanderprallen.

DIE ZWEITE MÖGLICHKEIT SCHEINT BESSER:

Jetzt fragst du Superman, ob er den Ball abschießen könnte. Der tritt ihn so fest, dass der Ball sich von der Erde immer weiter fortbewegt. Allerdings wird die Geschwindigkeit immer etwas geringer, bis sich der Ball schließlich so gut wie nicht mehr weiterbewegt. Der Ball schwebt dann wie ein Satellit um die Erde. Wenn das mit den Sternsystemen passiert, treiben diese also auch weiterhin auseinander. Aber letzten Endes geht ihre Geschwindigkeit so gut wie gegen null. Das Weltall bleibt dann, wie es ist.

DIE DRITTE MÖGLICHKEIT KLINGT SEHR BEDROHLICH:

Angenommen, du bittest Superman, den Ball extrem fest wegzutreten. So fest, dass die Geschwindigkeit die Schwerkraft besiegt. Wir sehen den Ball nie wieder. Der Ball bremst zwar ab, fliegt aber für immer von uns weg. In diesem Fall driften die Sternsysteme so schnell von uns weg, dass die Schwerkraft keine Chance hat. Sie bewegen sich auf ewig von uns weg, auch wenn ihre Geschwindigkeit dabei immer niedriger wird. Gleichzeitig wird das Weltall größer und größer.

Und mit welcher dieser drei Möglichkeiten haben wir es nun zu tun? Welche trifft für unser Universum zu? Die Sternforscher haben sich mit dem Problem beschäftigt und das ist die Lösung:

... Trommelwirbel ...
... Spannung ...
... angehaltener Atem ...
... noch mehr Spannung ...
... jaja, jetzt mach schon ...

Peng! Keine der drei. Hä? Wie ist es denn dann? Am Anfang nahm die Ausdehnungsgeschwindigkeit des Universums schnell ab. Genau wie im ersten Beispiel. Genau nach Vorschrift. Die Schwerkraft schien langsam an Boden zu gewinnen. Aber als unser Universum leerer wurde, beschleunigte sich das Wachstum plötzlich wieder! Und seither haben sich die meisten Sternsysteme schneller und immer schneller von uns wegbewegt. Das hatte keiner vorhergesagt. Es kann auch überhaupt nicht sein, wenn man mal gründlich darüber nachdenkt. Es muss also noch eine geheimnisvolle weitere Kraft geben, die für die Beschleunigung sorgt.

WARUM ETWA 95 PROZENT IN UNSEREM WELTALL EIN EINZIGES GROSSES RÄTSEL SIND

Logisch betrachtet scheint es unmöglich, dass sich die Galaxien immer weiter voneinander wegbewegen. Du schießt keinen Fußball in die Luft, der erst abbremst und dann immer schneller hochfliegt - es sei denn, dieser Ball hat einen kleinen geheimen Motor oder er wird von einer unsichtbaren Kraft weitergetrieben. Doch genau das passiert in unserem Weltall. Hast du schon mal eine Galaxie gesehen, die von einem Motor angetrieben wird? Nein? Ich auch nicht. Also muss es eine geheimnisvolle Kraft geben, die alles auseinandertreibt. Und nicht gerade wenig. Berechnungen zufolge müssen fast 70 Prozent des Weltalls aus dieser mysteriösen Kraft bestehen.

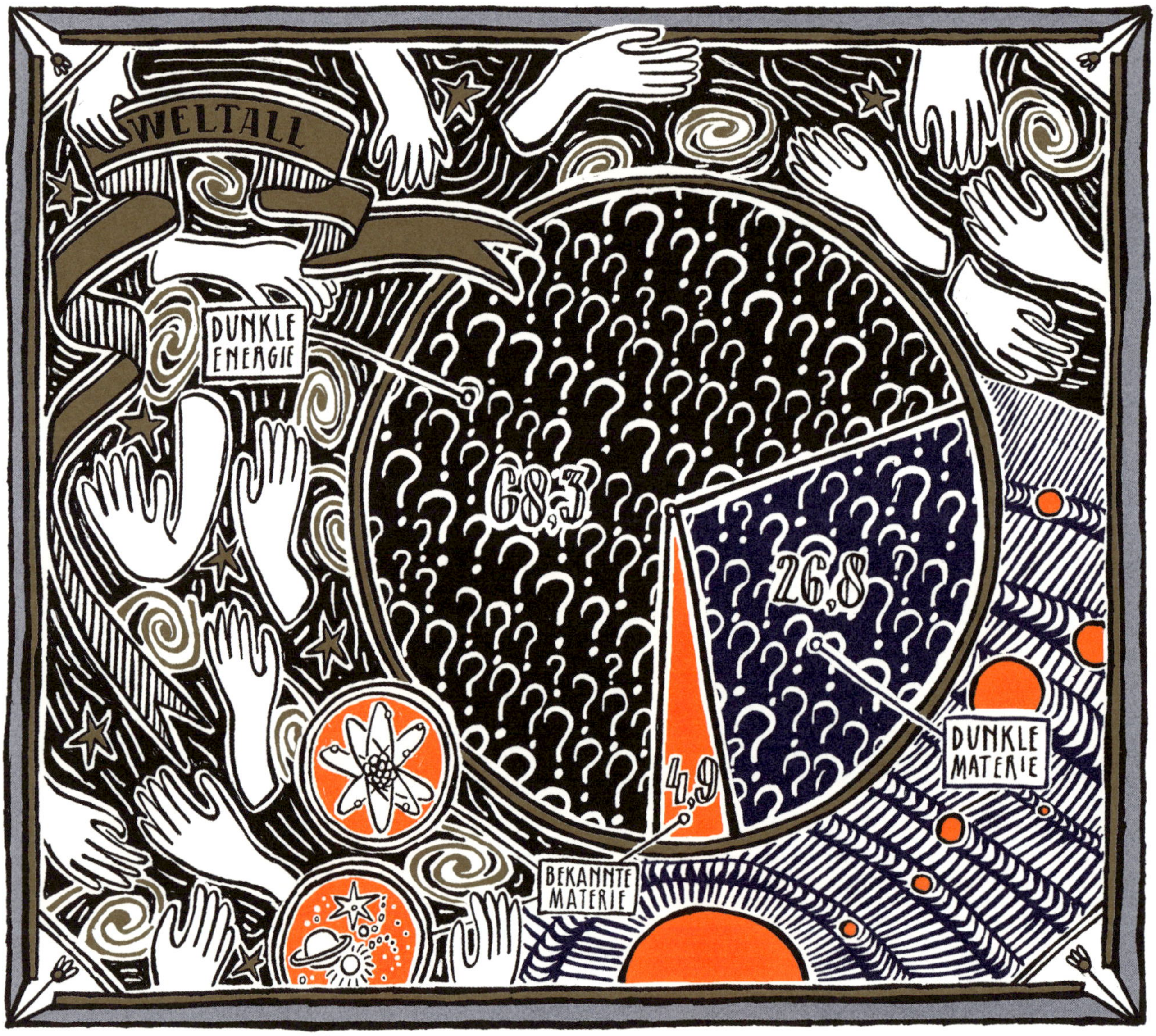

DUNKLER BLAUBEERKUCHEN

Sternforscher sind offenbar ganz verrückt nach düsteren Wörtern, denn sie nennen diese unerklärliche Kraft **Dunkle Energie**. Und genau wie Dunkle Materie ist auch Dunkle Energie gar nicht dunkel, sondern vollkommen unsichtbar. Ansonsten macht die Dunkle Energie jedoch genau das Gegenteil von dem, was Dunkle Materie macht: Dunkle Materie hält den ganzen Kram zusammen, während Dunkle Energie alles auseinanderdrängt. Und vorläufig ist die Dunkle Energie auf der Gewinnerseite. Unser Weltall wächst also durch die Dunkle Energie. Nicht dass du plötzlich größer würdest oder die Erde oder die Sternsysteme. Nein, der Raum zwischen den Sternsystemen wächst. Und so wächst das gesamte Universum. Erinnerst du dich noch an den Blaubeerkuchen? Nicht die Blaubeeren darin wachsen, sondern der Kuchen insgesamt.

Aber was ist diese Dunkle Energie? Woraus besteht sie? Woher kommt sie? Wir haben keine Ahnung. Was normale Energie ist, wissen wir natürlich. Mit Energie kann man Gegenstände erwärmen, beleuchten oder in Bewegung setzen. Das geht zum Beispiel mit Strom, Treibstoff und Sonnenlicht. Aber die Dunkle Energie scheint vor allem Dinge anzutreiben. Ansonsten ist sie ein einziges großes Rätsel. Na toll! Kaum dachten wir, endlich was vom Weltall zu verstehen, da stellt sich heraus, dass mehr als 95 Prozent des Alls aus vollkommen unerklärlicher Energie und Materie bestehen.

WIR HABEN NOCH WAHNSINNIGES GLÜCK ...

Und dabei haben wir ja noch Glück! Wir können Licht sehen, das Milliarden von Jahren gebraucht hat, um unseren Planeten zu erreichen. Aber die Sternforscher der fernen Zukunft sehen nur noch ihre eigene Galaxie und glauben, das sei alles. Noch weiter in der Zukunft werden sie nachts sogar überhaupt keine Sterne mehr sehen. Nur einen vollkommen dunklen Himmel. Sie werden nie erfahren, wie das Weltall entstanden ist – es sei denn natürlich, sie lesen dieses Buch. (Hebe es also gut auf für später!) Wir befinden uns vielleicht gerade genau richtig in der Zeit, um noch alles entdecken zu können. Wir können noch ein gutes Stück in der Zeit zurückschauen und wir können gut studieren, was im Weltraum so passiert. Oder sind bereits alle wichtigen Dinge aus unserem Gesichtsfeld verschwunden, die uns Antworten auf die Fragen hätten geben können, die wir jetzt haben ...?

Die Aussicht auf dieses immens leere, dunkle Weltall der Zukunft klingt nicht allzu fröhlich. Am Ende dieses Buches kannst du lesen, wie das alles funktioniert. Aber erst sollten wir lieber über etwas weniger Trauriges reden. Über etwas Leichteres, Helleres. Über Licht!

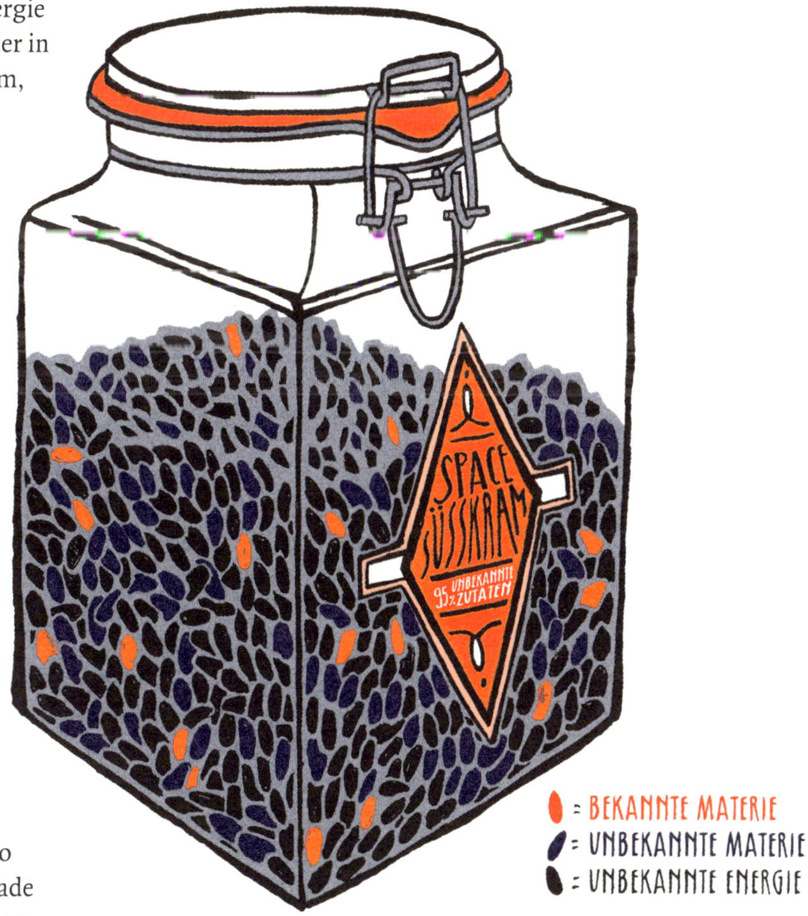

1 DUMME UND 1 SCHLAUE FRAGE

Man hört schon mal: »Es gibt keine dummen Fragen, nur dumme Antworten.« Das ist natürlich blanker Unsinn. Natürlich gibt es dumme Fragen. Hier eine zum Beispiel: »Kann man ein Skelett durch Mund-zu-Mund-Beatmung wieder zum Leben erwecken?« Nun, ist die Frage dumm oder nicht? Genau. Aber es stimmt schon, manche Fragen, die dumm scheinen, müssen gar nicht dumm sein. Und eine dieser Fragen ist: »Was ist Licht?« Denn bis zu einem gewissen Punkt ist uns allen klar, was Licht ist, aber ganz genau wissen wir es nicht. Woher kommt das Licht? Wie entsteht es? Und woraus besteht es? Kurz: Was ist Licht denn nun wirklich?

IST JEDES LICHT ELEKTRISCH?

Nicht umsonst haben sich ausgerechnet die größten Wissenschaftler der Vergangenheit gerade mit diesem Geheimnis beschäftigt. Und die Antworten auf all diese Fragen sind außergewöhnlich spektakulär. Ganze Bücher wurden über das Licht geschrieben und es gab sehr spannende Studien dazu. Aber um die Spannung all dieses Geschreibsels gleich auf einen Schlag zunichte zu machen, liefere ich hier schon einmal die Schlussfolgerung: Licht besteht aus elektromagnetischer Strahlung. So, das spart dir jede Menge Lesearbeit. Jetzt musst du nur noch wissen, was elektromagnetische Strahlung ist.

Das Wort »elektromagnetisch« weist schon darauf hin, dass Licht mit Elektronen zu tun hat, den Teilchen, die sich auch in den Atomen um uns herum befinden. Wenn die Atome zusätzliche Energie aufnehmen – dies kann durch Zufuhr von Wärme oder zum Beispiel durch Zusammenstoß mit anderen Elektronen passieren –, werden die Elektronen des Atoms auf eine höhere Bahn angehoben. Ihre Runde, die sie um den Atomkern drehen, vergrößert sich.

Die zusätzliche Energie wird in die höhere Geschwindigkeit umgesetzt, mit der sie kreisen. Landen sie anschließend wieder in einer kleineren Bahn, geben sie diese zusätzliche Energie wieder ab. Dabei können sie einen Teil ihrer Energie in Form eines Lichtquants, des Photons, aussenden. Ein **Photon** ist daher nichts anderes als ein Päckchen mit Energie. Und diese Energie besteht aus elektromagnetischer Strahlung, die wir manchmal als Licht sehen oder als Wärme spüren. Das merkst du, wenn die Sonne scheint.

ALLES KANN LEUCHTEN

Mit ausreichend Energie kann letzten Endes alles Licht spenden. Holz kann in Form glühender Kohlen leuchten. Metall beginnt zu glühen, wenn man es stark erhitzt. Heiße Steine schmelzen zu Lava und fangen auch an zu leuchten. Jede Art von Atomen sendet außerdem wieder andere Photonen aus. Und andere Photonen sorgen für ein wieder leicht anderes Licht. Das Licht aus Kohlenstoffatomen sieht also anders aus als das Licht aus Wasserstoff- oder Eisenatomen.

Wenn sie das Licht eines Sterns studieren, können Sternforscher genau sehen, aus welchen Atomen es stammt – auch wenn dieser Stern Abermilliarden Kilometer von uns entfernt ist. Das gilt auch für Planeten. So können sie auch entdecken, ob irgendwo dort ähnliches Leben möglich ist wie hier auf der Erde.

8 VERSCHIEDENE LICHTARTEN

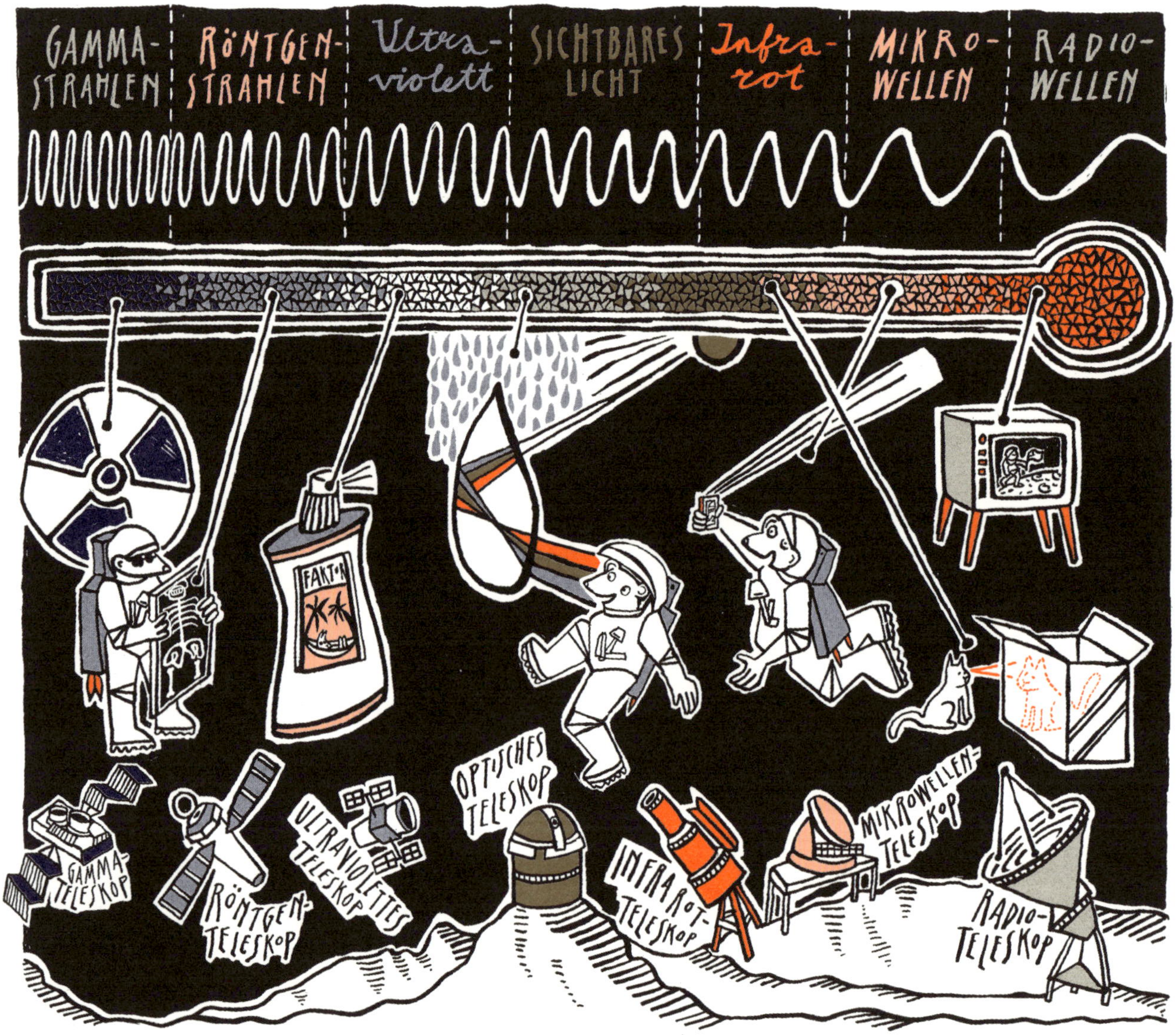

Das Licht, das wir sehen können, besteht aus den Farben des Regenbogens: Rot, Orange, Gelb, Grün, Blau, Violett. Aber das sind nicht die einzigen Farben und ganz bestimmt nicht die einzigen Formen elektromagnetischer Strahlung. Es gibt Strahlung mit sehr geringer Energie bis zu Strahlung mit extrem viel Energie. Die Energie hängt von der Anzahl der Photonen und der Menge an Energie ab, die so ein Photon hat. Der Teil der elektromagnetischen Strahlung, die wir sehen können, befindet sich in der Mitte. Dabei hat Rot die geringste und Violett die meiste Energie. Diese Strahlung kommt in Wellen. Strahlung mit wenig Energie kommt in langen Wellen, die manchmal Tausende von Kilometern lang sind. Strahlung mit viel Energie kommt in kurzen Wellen, die manchmal sogar weniger als einen Billiardstelmillimeter lang sind.

RADIO SEHEN

Weniger Energie als rotes Licht ergibt **infrarotes Licht**. Das können wir schon nicht mehr wahrnehmen, aber manche Schlangen zum Beispiel können das sehr wohl – die sehen also den Strahl von der Fernbedienung hin zum Fernsehgerät, denn wir zappen mit Infrarotstrahlung! So wie es Licht gibt mit weniger Energie als rotes Licht, gibt es auch Licht mit mehr Energie als violettes Licht. Eine Stufe über dem violetten Licht liegt das ultraviolette. Vögel, Bienen und Nagetiere können es sehen, wir leider nicht. **Ultraviolettes Licht** aus der Sonne sorgt dafür, dass wir braun werden oder uns einen Sonnenbrand holen. Könnten wir ultraviolettes Licht sehen, wüssten wir ganz genau, welchen Lichtschutzfaktor wir zum Eincremen am Strand gebraucht hätten!

Die Strahlung, die wir sehen, macht nur einen unglaublich kleinen Teil aus im Vergleich zu der Strahlung, die wir nicht sehen können. Ohne es zu merken, bist du von Photonen umgeben, die dein Telefon, der Fernseher, das Radio und die Küchengeräte nutzen. Mit noch weniger Energie als Infrarot produzieren Photonen zum Beispiel **Mikrowellenstrahlung**. Das ist dieselbe Strahlung, die man in einem Mikrowellengerät findet. Auch dein WLAN nutzt diese Strahlung. Aber keine Sorge – dein Gehirn wird schon allein deswegen nicht von deinem Router gebraten, weil die Strahlen dafür viel zu wenig Energie haben. Noch weniger Energie führt dann zu allerlei Formen von **Radiostrahlung**. Wenn du extrem gute Augen hättest, könntest du Radio also nicht nur hören, sondern auch sehen ... Auch wenn du nicht viel Spannendes in diesen Strahlen sehen würdest. Jetzt verstehst du aber, weshalb ein Autoradio gestört wird, wenn es sich in der Nähe von Stromleitungen befindet. Der elektrische Strom in den Leitungen beeinflusst die Radiosignale in der Luft.

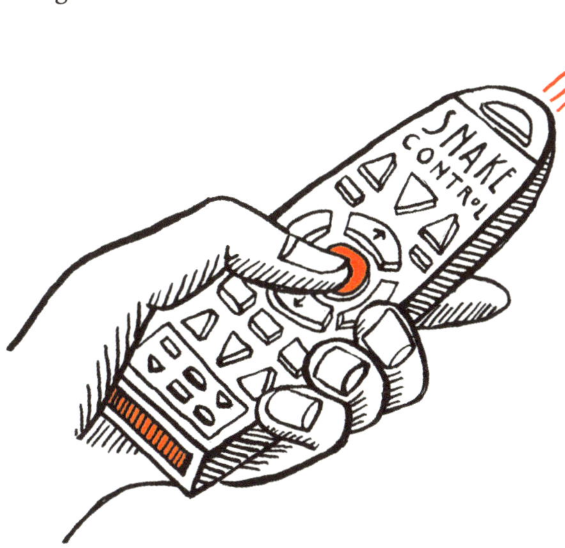

LICHT, DAS DICH DURCHDRINGT

Hat man Photonen mit mehr Energie als ultraviolettes Licht, gelangt man zu **Röntgenstrahlen**. Die Photonen in Röntgenstrahlen haben so viel Energie, dass sie manche Teile deines Körpers durchdringen. Nur sehr stabile Körperteile wie Zähne und Knochen halten die Röntgenstrahlen ab, sodass man auf dem Röntgenbild das Skelett oder das Gebiss betrachten kann. Bei noch mehr Energie handelt es sich um **Gammastrahlen**. Diese Strahlen durchdringen deinen ganzen Körper. Sie kommen oft in Sciencefiction-Büchern vor, denn sie klingen sehr spektakulär und sind äußerst gefährlich! Die stärkste elektromagnetische Strahlung findet sich in der Nähe von Schwarzen Löchern und Supernovae. Dieses Licht heißt **kosmische Strahlung**; es ist stärker und tödlicher als alle anderen Strahlungsarten zusammen. Es ist ganz anders geartet als die anderen Strahlungsformen und besteht auch nicht aus Photonen. Wenn du klug bist, hältst du dich lieber von Supernovae und Schwarzen Löchern fern.

MIT DEM RADIO SEHEN

Jetzt weißt du schon ziemlich viel über Licht und elektromagnetische Strahlung. Aber das Wichtigste fehlt noch. Denn eins ist klar: Es gibt sehr viel »Licht«, das wir nicht sehen können: Röntgenstrahlung, Radiowellen, Mikrowellen, Infrarot. Und genau wie sichtbares Licht kommen die Strahlen überall in unserem Weltall vor.

Photonen sind allgegenwärtig. Manche Photonen gibt es sogar seit dem Beginn des Universums. Ihre Strahlen vermitteln uns enorm viele neue Daten über unseren Weltraum. Darum gibt es neben normalen Teleskopen auch Röntgen-, Mikrowellen-, Radio- und Infrarotteleskope, die uns einen ganzen Schatz an Informationen verschaffen, die wir sonst nicht hätten. Informationen, die uns sogar an den Anfang unseres Universums zurückbringen ...

GROBI MIT 75 000 KILOMETERN PRO STUNDE

Wenn du Grobi mit einem Viertel der Lichtgeschwindigkeit ins Weltall schießt, scheint es, als würdest du Elmo sehen. Nein, diese Information habe ich nicht aus einer Folge der Sesamstraße. Es ist reine Wissenschaft. Also: Wie du auf den Zeichnungen auf den vorigen Seiten gesehen hast, besteht Licht aus Wellen. Je mehr Energie, desto kürzer die Wellen. Blaues Licht enthält mehr Energie und besteht daher aus kürzeren Wellen als rotes Licht. Wenn sich ein Stern mit großer Geschwindigkeit von uns wegbewegt, dehnen sich die Wellen etwas. Wir sehen einen solchen Stern dann in einer rötlichen Farbe. Je schneller, desto röter. So wissen wir, dass sich die am weitesten entfernten Galaxien am schnellsten von uns wegbewegen. Und daher wissen wir, dass der blaue Grobi dem roten Elmo ähnlicher sieht, wenn er mit Karacho von uns wegdüst.

EIN FOTO, DAS MIT DEM RADIO AUFGENOMMEN WURDE

Dasselbe gilt für sehr altes Licht, jedoch auf eine andere Weise. Um uns zu erreichen, hat dieses Licht eine riesige Entfernung im Weltall zurückgelegt. In der Zwischenzeit hat sich der Weltraum ausgedehnt, und damit auch die Wellen des Lichtstrahls. Sie sind länger geworden und ins Rötliche verschoben. So sehr, dass die einst blendend hellen Strahlen für unsere Augen unsichtbar geworden sind. Aber mit Spezialteleskopen kann man die Strahlung dennoch auffangen und messen. So wurde das gesamte uns umgebende Weltall fotografiert.

Das klingt einfacher, als es ist. Denn in der Nähe von Sonne, Sternen und Supernovae ist diese schwache Strahlung unsichtbar. Das ist, als wolltest du während eines Heavy-Metal-Konzerts das Geräusch einer fallenden Stecknadel hören. In der Nähe von Planeten, Schwarzen Löchern und Nebeln brauchst du auch nicht zu suchen. Die geben zu viel Strahlung ab. Sogar Staubwolken im Raum stören die ganze Angelegenheit schon. Zum Glück ist im größten Teil des Weltalls gar nichts zu finden. Und darauf kann man das Radioteleskop ausrichten. Es war eine gigantische Aufgabe und bis zur Fertigstellung der Aufnahme dauerte es Jahre, aber dann war es geschafft! Die Aufnahme zeigte Folgendes –

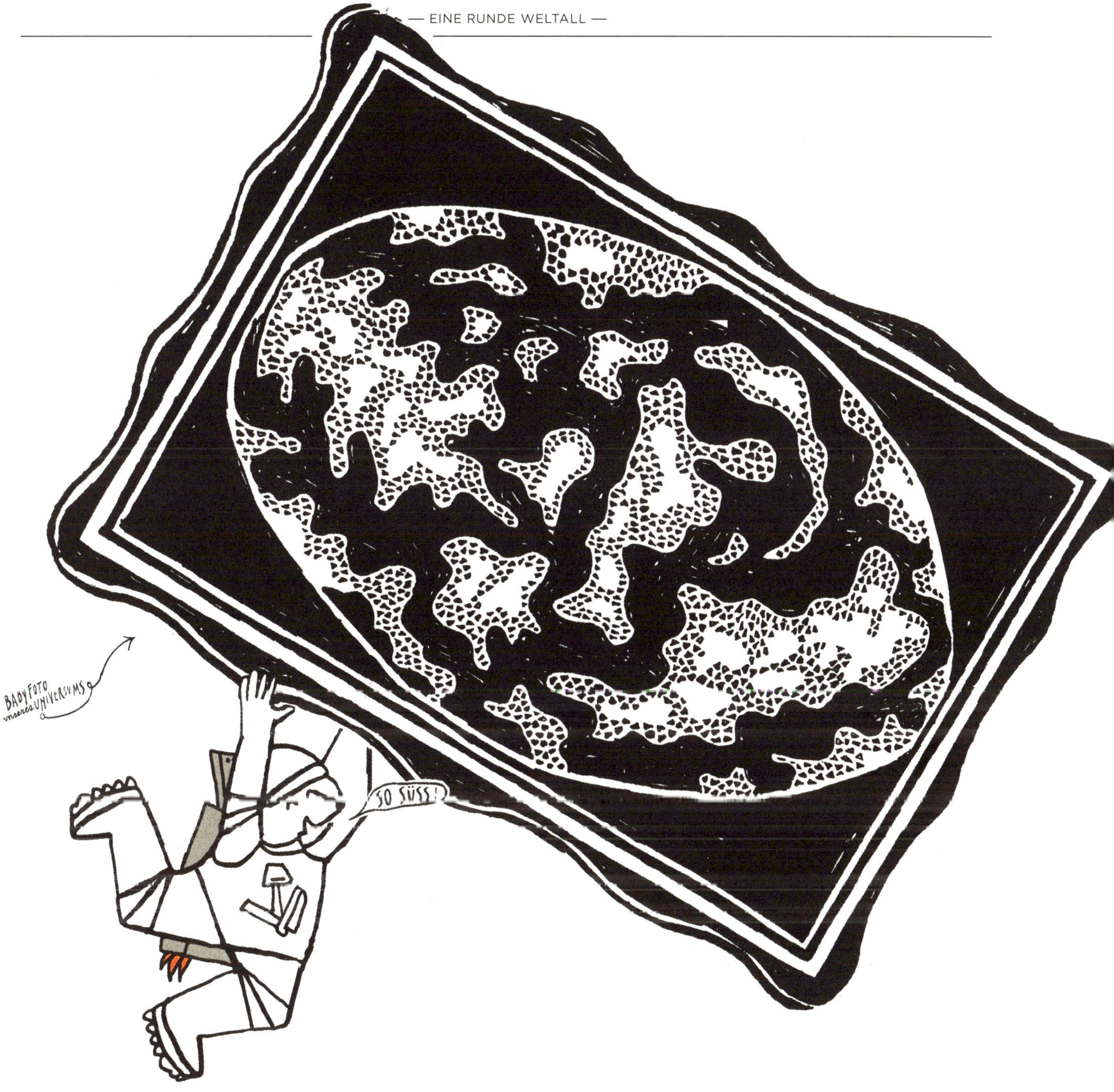

DAS BABYFOTO VOM WELTALL

Aber was ist das denn? Was sehen wir hier? Nun, das ist das Babyfoto unseres Weltalls. Dieses Babyfoto ist natürlich nicht so süß wie das von dir, aber es ist schon etwas ganz Besonderes. Das Foto zeigt uns nämlich die Welt von vor 13,8 Milliarden Jahren. Erinnerst du dich noch an diesen glühend heißen Erbsensuppen-Feuerball, auf dem wir bei unserer letzten Zeitreise landeten? Den siehst du hier. Solltest du es vergessen haben: 380 000 Jahre nach dem Anfang unseres Weltalls bestand alles aus einem tausend Grad heißen undefinierbaren Brei aus Wasserstoff und Helium. Und es ist genau dieses Weltall, das du hier siehst. Oder noch genauer: Du siehst die Energie der Photonen, die jetzt noch übrig geblieben sind von dem glühend heißen, blendend hellen Weltall von damals. Und diese Photonen spuken noch immer überall um uns herum.

2,725 GRAD ZU WARM

Das Babyfoto vom Weltall zeigt genau, wie viel Wärme und Licht sich vor 13,8 Milliarden Jahren in unserem Universum befanden und wie alle Materie im Raum verteilt war. Bei einer so enormen Energie und Hitze wimmelte es damals im Weltall nur so von Photonen. Seither ist das All gigantisch viel größer geworden und gewaltig abgekühlt. Aber in jeder Ecke unseres Universums begegnet man jenen steinalten Photonen. Ihre Strahlung sorgt noch immer für eine Temperatur, die auch im letzten Weltraumwinkel 2,725 Grad wärmer ist, als man erwarten würde. Eigentlich müsste es an den leersten Stellen 273,15 Grad unter Null sein, die niedrigste Temperatur, die es überhaupt gibt. Denn nichts kann dort für Wärme sorgen. Und doch kommt diese Temperatur nirgends im Weltall vor. Es ist überall zu warm. Du kannst das mit einem Raum vergleichen, in dem ein Kaminfeuer gebrannt hat, das schon seit einiger Zeit erloschen ist: Ein Rest dieser Wärmestrahlung ist noch übrig. So ist das mit unserem Weltall auch.

Nur ist es hier und da ein Millionstelgrad wärmer oder kälter. Und das sind die Flecken, die du siehst. Je heller, desto kälter, je dunkler, desto wärmer. Du siehst also eigentlich nicht viel mehr als Photonen auf der Abbildung. Darum wirkt das Bild auf den ersten Blick vielleicht nicht so spektakulär, aber das ist es durchaus! In erster Linie, weil diese Flecken alle Sterne und Planeten und dich und mich überhaupt erst möglich gemacht haben. Denn wenn es ein gleichmäßiges Bild ohne Flecken gewesen wäre, hätte dort nichts entstehen können.

OHNE FLECKEN KEIN ZIEGENKÄSE

Das liegt an der Schwerkraft. Moleküle ziehen einander an. Moleküle wandern daher automatisch zur größten Gruppe anderer Moleküle mit der meisten Schwerkraft. So bildet sich ein Molekül-Klümpchen, das immer weiter wachsen kann. So lange, bis sogar ganze Sterne und Planeten entstehen können. Aber mal angenommen, alle Moleküle wären gleichmäßig über das Weltall verteilt. Dann wäre eine ganz andere Geschichte daraus entstanden. Denn wenn man dann nach links, rechts, oben oder unten schauen würde, wären alle Moleküle genau gleich weit entfernt. Somit gäbe es keinerlei Richtung, in die sich ein Molekül bewegen würde. Es würden keine Klümpchen entstehen und damit keine Sterne und Planeten. Das Babyfoto zeigt, dass die Photonen nicht gleichmäßig im Weltall verteilt waren. Deswegen war die Materie das auch nicht, ebenso wenig wie die Stoffe, die es damals gab, Wasserstoff und Helium. Und darum ist jetzt ein Weltall mit dir und mir und diesem Buch und Ziegenkäse entstanden.

Es gibt noch einen Grund, warum dieses Bild spektakulär ist. Denn es ist nicht nur das Bild von 380 000 Jahren nach dem Anfang. Es ist auch das Bild unseres Weltalls, als es weniger als eine Sekunde alt war. Huh? Hä? Was? Kurz noch einmal in Wiederholung – und lies es ruhig in Zeitlupe: *Es ist auch das Bild unseres Weltalls, als es weniger als eine Sekunde alt war.* Wirklich wahr! Angenommen, die Erde wäre ein Luftballon und darauf befände sich eine Zeichnung aller Berge, Meere und Erdteile. Und angenommen, du würdest ganz langsam die Luft aus diesem Ballon ablassen: Dann würdest du noch immer dieselbe Zeichnung sehen. Nur viel kleiner. So ist das mit dem Babyfoto auch. Du musst nur wissen, dass das Weltall im ersten Moment dieser Aufnahme ziemlich klein war. Nämlich kleiner als ein Milliardstel eines Sandkorns ...

UNVORSTELLBAR

Bei jedem Schritt, den wir in diesem Buch weiter in die Vergangenheit zurück gemacht haben, wurde unser Weltall kleiner. Das Weltall, das jetzt so groß ist, dass du es dir nicht vorstellen kannst, war demnach am Anfang so klein, dass du es dir nicht vorstellen kannst! Die Teilchen im Weltall waren auch noch so dicht aufeinander, dass du es dir nicht vorstellen kannst. Dadurch wurde es so heiß, dass du es dir nicht vorstellen kannst. Und es ist mit einer Geschwindigkeit auseinandergeknallt, die du dir nicht vorstellen kannst. Aber wie dieser Knall heißt, weißt du ganz bestimmt. Es ist der **Urknall**. Der Knall, mit dem alles begann.

0,000 000 000 000 000 000 000 000 000 000 000 000 000 000 0001 SEKUNDEN NACH DEM BEGINN DES WELTALLS

Wenn du vom jetzigen Zeitpunkt zum Anfang des Weltalls reist, gehst du in der Zeit zurück. So haben wir das bislang gemacht. Wir können das aber auch einmal umkehren. Also dieselbe Geschichte, aber in der richtigen Reihenfolge und mit mehr Informationen. Dann wird daraus die Geschichte vom Urknall und dem Wachstum unseres Weltalls, wie es wirklich war. Das ist eine ganz merkwürdige Sache, die du im Augenblick am besten einfach nur liest. Du musst sie noch nicht glauben und schon gar nicht verstehen. Im Laufe dieses Buches erfährst du, warum es sich doch um eine logische Geschichte handelt, noch dazu eine, bei der die wichtigsten Dinge in einem Zeitraum geschehen, der kürzer dauert als ein Blitz. Fertig? Hier kommt sie …

HUNDERT BILLIONEN TRILLIONEN GRAD CELSIUS

Schreib mal eine Null auf, dahinter ein Komma, anschließend 42 Nullen und dann eine 1. So viele Sekunden nach dem allerersten Moment unseres Weltalls beginnt unsere Geschichte. Das ist ein Zehnmillionstel von einem Trillionstel einer Trillionstelsekunde. Unser Weltall ist zu diesem Zeitpunkt noch kleiner als ein Trilliardstel von einem Sandkorn. Es gibt noch keine Atome, keine Elektronen, keine Quarks. Es gibt keine elektromagnetische Kraft oder was auch immer für eine Kernkraft. Alle Kräfte, die wir kennen, bilden zusammen eine einzige Kraft. Die Temperatur liegt bei hundert Billionen Trillionen Grad Celsius. Damit ist die Chance auf weiße Weihnachten sehr klein!

Das Weltall wächst und wächst und wächst jetzt mit unglaublicher Geschwindigkeit. Bloß ... zehn mal nichts ist nichts! Und zehn mal fast nichts ist immer noch fast nichts. Das Weltall bleibt also trotz dieses schnellen Wachstums noch immer extrem klein. Je größer das Weltall wird, desto niedriger wird die Durchschnittstemperatur. Aber klar – die Temperatur bleibt immer noch extrem hoch. Und als das Weltall eine Zehntausendbillionstel Trillionstelsekunde alt ist (das sind »nur noch« 34 Nullen hinter dem Komma und dann eine 1), entstehen **Quarks**: die kleinsten einfachen Teilchen, die es gibt. Immerhin sind es die ersten Teilchen, es ist die erste Materie in unserem Weltall. Juchhu! Aber nicht lange. Denn alle Teilchen verschwinden fast sofort wieder. Es entstehen nämlich nicht nur Teilchen, sondern auch genauso viele **Antiteilchen**. Antiteilchen sind genau das Gegenstück von Teilchen. So wie –1 das Gegenstück von 1 ist. Was bekommst du, wenn du 1 und –1 zusammenzählst? Null. Nichts. Nada. Nothing. Genau das passiert, wenn ein Teilchen ein Antiteilchen berührt.

EINE EXPLOSION AUS ANTITEILCHEN

Wenn ein Quark ein Antiquark berührt, verschwinden sie beide. Genau das geschieht während des Urknalls unablässig im Weltall. Auch jetzt, denn Antiteilchen gibt es heute noch, nur nicht so viele. Übrigens – völlig unwichtig, aber doch witzig: So ungefähr alles erzeugt **Antimaterie,** also Materie, die aus Antiteilchen besteht. Sogar Bananen. Alle 75 Minuten erzeugt eine Banane etwa ein Anti-Elektron. Du selbst erzeugst auch Anti-Elektronen. Das ist keine Katastrophe, denn hier und da kannst du ruhig auf ein Elektron verzichten. Es wäre etwas anderes, wenn dein komplettes Du aus Antiteilchen bestünde. Du würdest in einem gigantischen Lichtblitz verschwinden, wenn du deinem Anti-Du die Hand geben würdest. Sogar in mehr als einem Blitz: Es käme zu einer unvorstellbaren Explosion. Würden auch nur ein paar Sandkörnchen mit ein paar Antisandkörnchen zusammenprallen, ergäbe das schon genügend Energie, um einen gesamten Häuserkomplex in die Luft zu jagen. Ein Anti-Elektron heißt übrigens offiziell **Positron.** Aber wir haben schon genug Namen für die ganzen Teilchen.

Nun gut, es ging hier eigentlich nicht um Antiteilchen, sondern um die Geschichte unseres Weltalls. Also schnell wieder weiter.

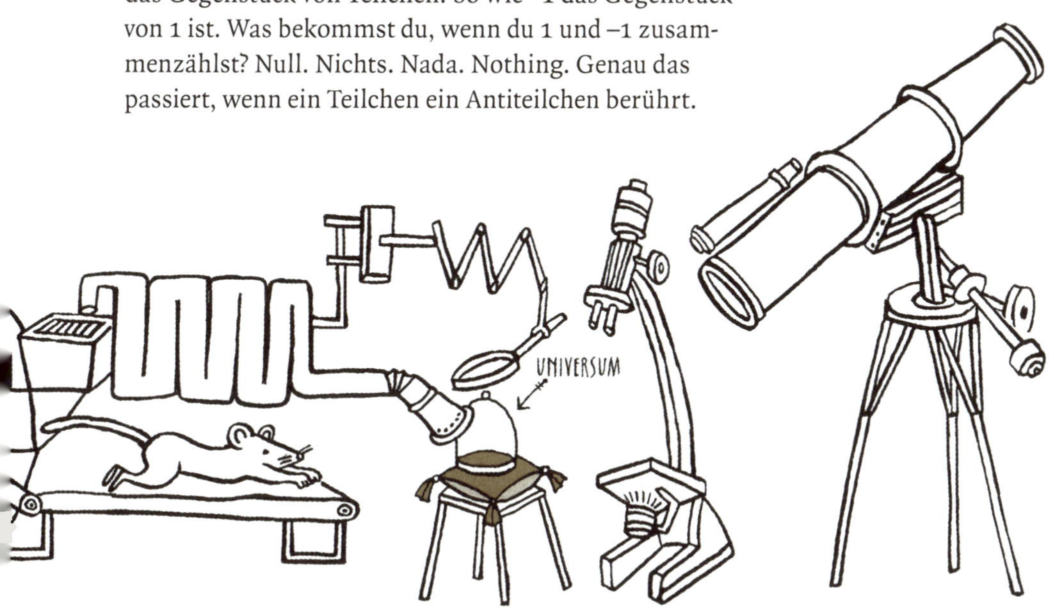

9 WICHTIGE FRAGEN

Zurück zum Anfang des Weltalls. Bei den Zusammenstößen zwischen Teilchen und Antiteilchen wird ungeheuer viel Energie freigesetzt. Und so entstehen wieder Photonen. Man sollte erwarten, dass alle Teilchen und Antiteilchen sich gegenseitig aufheben. Aber aus irgendwelchen Gründen entstehen etwas mehr Teilchen als Antiteilchen. Bei einer Milliarde Zusammenstößen zwischen den Teilchen und den Antiteilchen bleibt vielleicht *ein* Teilchen übrig. Und dieses Teilchen bleibt dann erhalten. Außerdem entstehen die Schwerkraft, die starke und die schwache Kernkraft sowie die elektromagnetische Kraft aus dieser einen Kraft heraus, die es bislang nur gab. Von jetzt an existieren diese vier Kräfte, die alles um uns herum bestimmen. Damit sind wir bei einer Billionstelsekunde nach dem Anfang des Weltalls gelandet. Das sind nur noch elf Nullen hinter dem Komma.

DIE ERSTEN STERNE

Jetzt entstehen auch Neutrinos und Elektronen – und ihre Antiteilchen! Das Weltall kühlt ab und wächst schnell weiter, auch wenn es immer noch sehr klein bleibt. Du brauchst nach wie vor ein Mikroskop, um es sehen zu können. Aber es wächst weiter und nach einer Hundertstelsekunde bilden die Quarks erste Protonen und Neutronen. Eine Sekunde später bilden sie zusammen schon die ersten Atomkerne. Das Weltall hat jetzt die Größe einer Murmel.

Ab jetzt kannst du die Vergrößerung besser sehen, denn innerhalb weniger Sekunden wird das Weltall bald ein paar Lichtjahre groß sein. Doch es ist so warm und chaotisch, dass kein Atom entstehen kann. Dennoch sind dies die Teilchen, die später alles in unserem Weltall bilden werden. Das komplette Weltall ist noch ein so dicker, undurchsichtiger Brei, dass das Licht nirgends hinkann, als würdest du mit einer Taschenlampe in eine Schlammpfütze leuchten.

Schließlich entstehen die ersten Atome – aus Wasserstoff und Helium. Mehr ist noch nicht da. Aber diese Atome klumpen sich zusammen. Und etwa 380 000 Jahre nach dem Urknall kann sich die erste Strahlung frei zwischen den Atomen hindurch bewegen. Das ist der Moment des Babyfotos des Weltalls, dem wir noch immer in der Strahlung im Weltall begegnen. Das Weltall wächst weiter und kühlt weiter ab. Dabei entsteht nur ein Problem: Es gibt nirgends mehr eine Lichtquelle. Es gibt noch keine Sterne und die Strahlung ist nicht mehr sichtbar. Es wird pechschwarz im Weltall!

Die Atome klumpen stets mehr zusammen. Kleine Ansammlungen, sogenannte Cluster, ziehen sich gegenseitig an und wachsen immer weiter. Je größer sie werden, desto mehr ziehen sie an. Und so entstehen schließlich die ersten Sterne und Galaxien. Die Sterne scheinen wie Lampen im dunklen Universum. Und letztendlich entsteht unsere Galaxie, die Milchstraße – und nach einer Weile dann auch die Sonne, die Erde, der Mond und du.

PIZZA NATÜRLICH

Das ist die Geschichte des Urknalls. Sie ist ziemlich unverständlich und längst nicht so spannend wie Harry Potter, doch wir werden uns damit begnügen müssen. Und wir haben noch eine Menge unbeantworteter Fragen:

- Woher kommt der Urknall?
- Was war vor dem Zehnmillionstel eines Trillionstels einer Trillionstelsekunde?
- Und was war wiederum davor?
- Was befand sich um das winzige Weltall herum?
- Wie können plötzlich aus dem Nichts Teilchen zum Vorschein kommen?
- Wie ist all die Energie entstanden?
- Wie kann das Weltall innerhalb weniger Sekunden ein paar Lichtjahre an Umfang zunehmen?
- Woher wissen wir das alles?
- Was essen wir eigentlich heute Abend?

Von den ersten Fragen handelt dieses Buch. Die letzte Frage musst du selbst beantworten. Ich an deiner Stelle nähme Pizza!

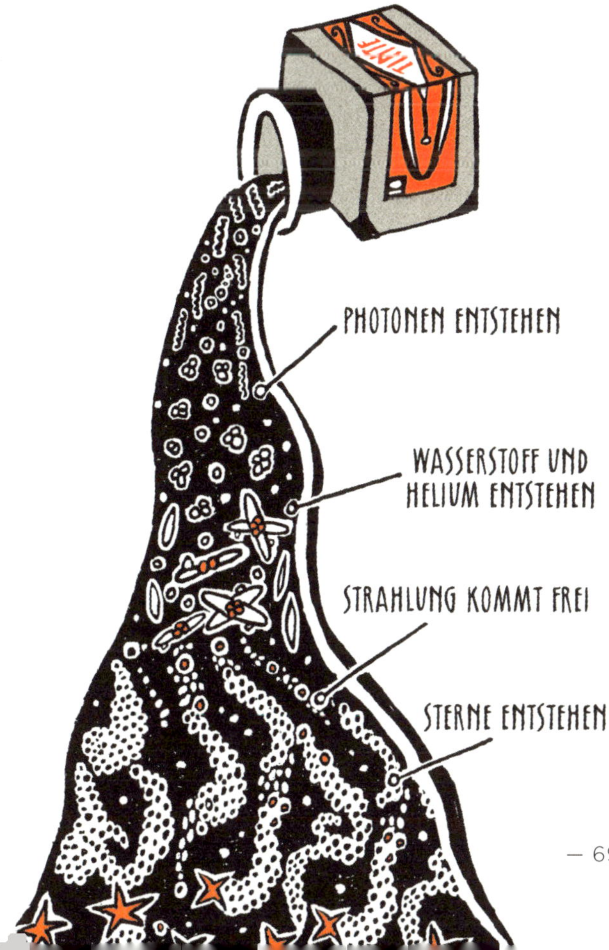

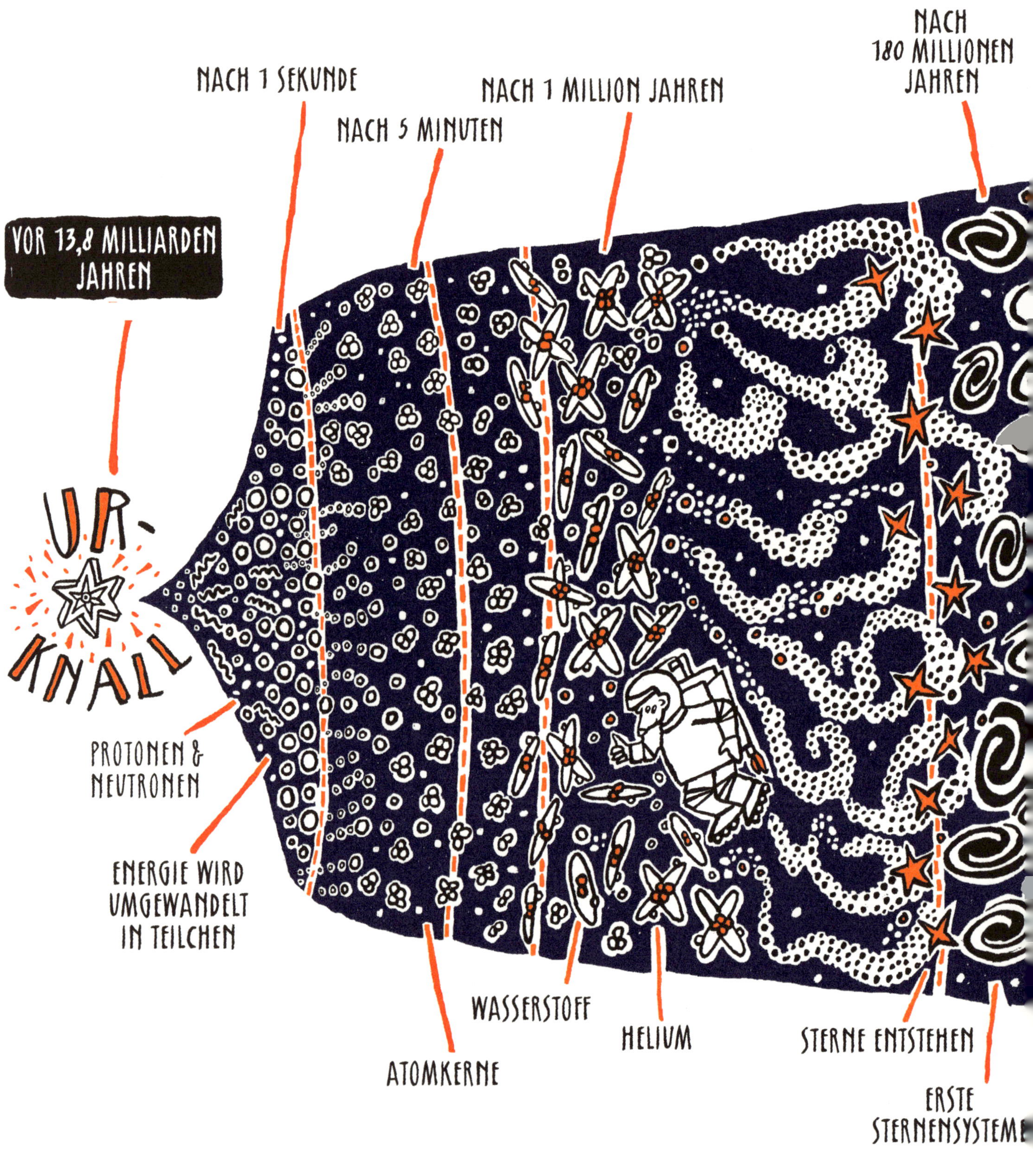
VOR 13,8 MILLIARDEN JAHREN
NACH 1 SEKUNDE
NACH 5 MINUTEN
NACH 1 MILLION JAHREN
NACH 180 MILLIONEN JAHREN
UR-KNALL
PROTONEN & NEUTRONEN
ENERGIE WIRD UMGEWANDELT IN TEILCHEN
ATOMKERNE
WASSERSTOFF
HELIUM
STERNE ENTSTEHEN
ERSTE STERNENSYSTEME

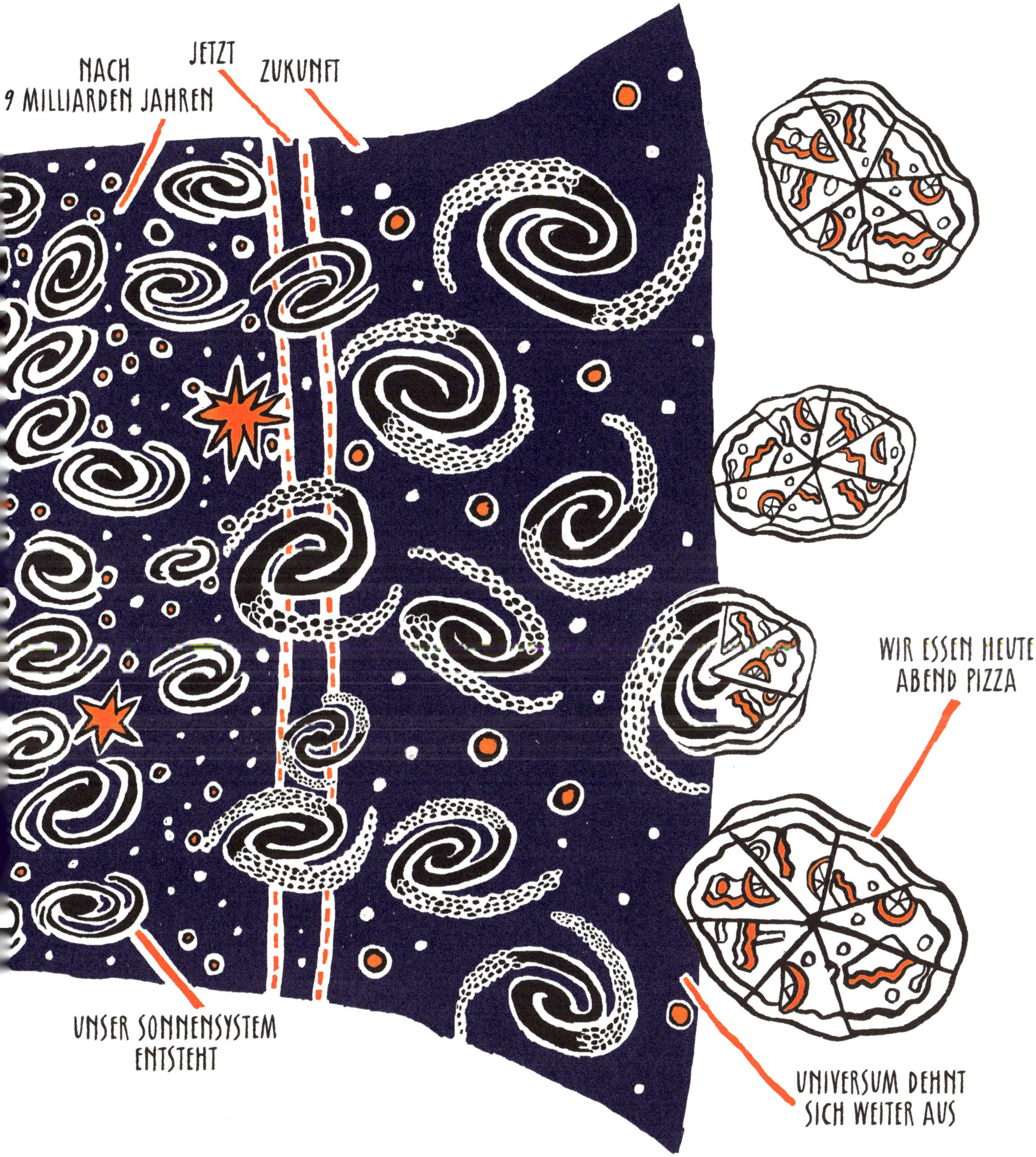
NACH
9 MILLIARDEN JAHREN
JETZT
ZUKUNFT
WIR ESSEN HEUTE
ABEND PIZZA
UNSER SONNENSYSTEM
ENTSTEHT
UNIVERSUM DEHNT
SICH WEITER AUS

— TEIL 3 —

ALBERT EINSTEIN UND SEINE GENIALEN IDEEN

TEIL 3

Die Informationen in diesem Buch verdanken wir Hunderten von Genies und den Entdeckungen, die sie in den letzten Jahrhunderten gemacht haben. Aber ein Genie überragt die anderen noch um ein Stückchen. Dieses Genie ist Albert Einstein. Ohne ihn wären wir längst noch nicht so weit in unserem Wissen über das Weltall. Die größten Wissenschaftler machen *eine* spektakuläre Entdeckung, mit der sie den Nobelpreis gewinnen, ewigen Ruhm erlangen und ein Denkmal an allerlei Orten verdienen. Einstein dagegen hat allein schon im Jahr 1905 *vier* solcher großen Entdeckungen gemacht. Und es sollten noch eine Menge folgen.

Einsteins Ideen sind unglaublich wichtig, wenn du verstehen willst, wie unser Universum funktioniert und woher es kommt. Deswegen geht es im gesamten 3. Teil um ihn und seine Entdeckungen.

HE, EINSTEIN, RÄUM DEINEN SCHREIBTISCH AUF!
BIBO
CHICO
E=MC

WARUM DU NIEMALS MIT 350 000 KILOMETERN PRO SEKUNDE DURCH DAS WELTALL REISEN KANNST

Albert Einstein war ein so großes Genie, dass er sich selbst manchmal nicht glaubte, so weit gingen seine Ideen. Er war seiner Zeit zu sehr voraus. Erst Jahre später konnte man seine seltsamen Theorien überprüfen und - sie stimmten! Schon als Kind interessierte sich Einstein sehr für Magnetismus und Licht. Er hatte einen anderen Blick auf die Welt als andere Leute. Wo andere vor allem komplizierte Berechnungen auf Papier anstellten, machte er lieber Experimente im Kopf. Er sah die komplizierten Rechenaufgaben vor sich, als wären es bewegliche Bilder. Einstein wusste zum Beispiel, dass nichts schneller sein kann als das Licht. Aber mal angenommen, du würdest auf einem Lichtstrahl mitreisen und vor dir würde das Licht einer Taschenlampe scheinen. Dann müsste das Licht aus der Taschenlampe sich doch schneller fortbewegen als das Licht? Über solche Sachen dachte Einstein nach. Und so machte er allerlei spektakuläre wissenschaftliche Entdeckungen. Von ihm stammt übrigens die berühmteste Formel der Welt: $E = mc^2$.

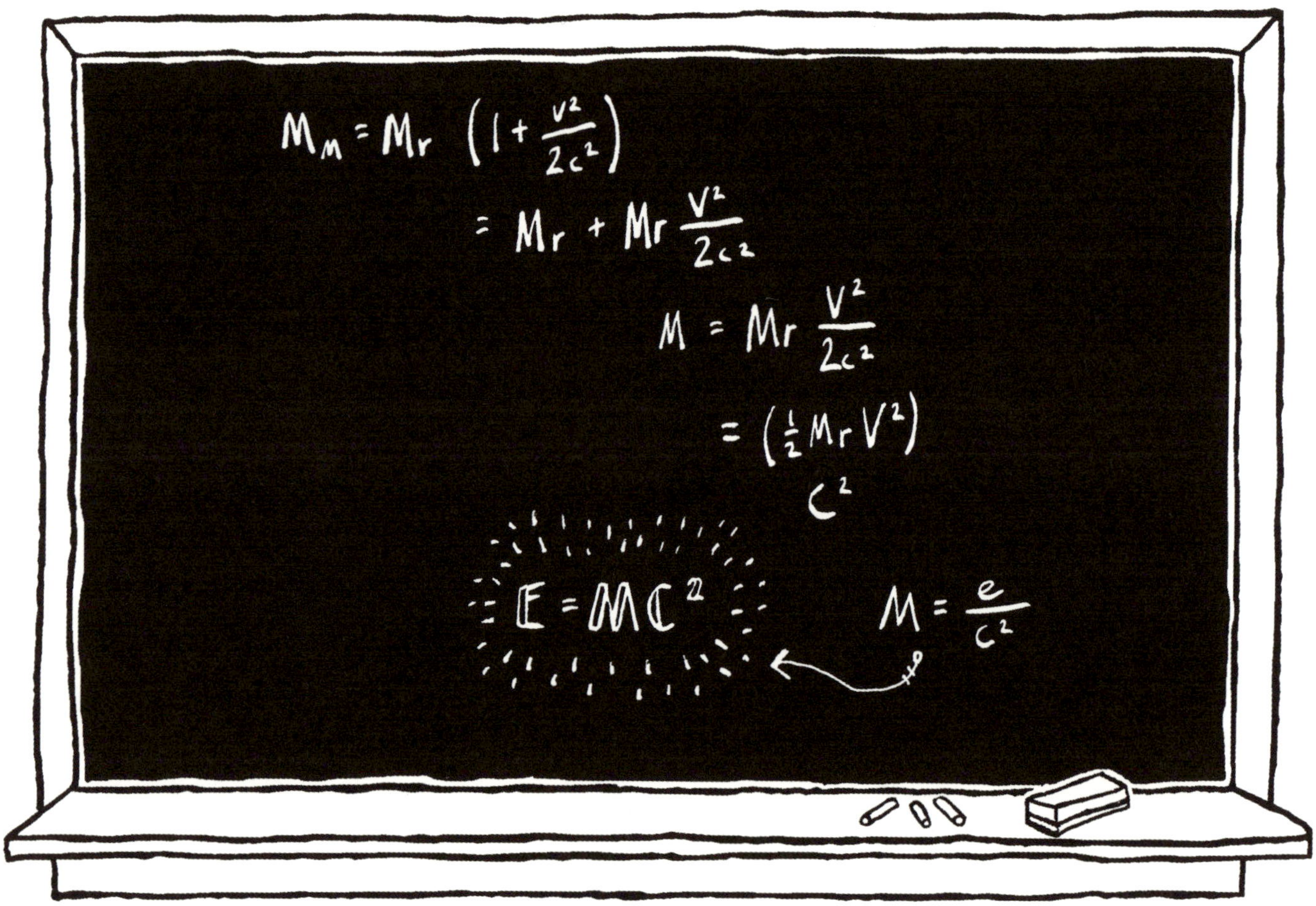

Einstein beschäftigte sich auch viel mit Zeitreisen. Waren sie nun möglich oder nicht? Und wie müsste man sie dann machen? In der zweiten Hälfte des Buches geht es um all diese schwierigen Fragen. Fangen wir mit dem Licht und der Lichtgeschwindigkeit an ...

WAS WÄRE, WENN DAS LICHT GANZ LANGSAM WÄRE?

Licht bewegt sich mit etwa 300 000 Kilometern pro Sekunde fort. Aber mal angenommen, das wäre nicht so. Angenommen, das Licht würde nur zehn Zentimeter pro Sekunde zurücklegen ...

Du wirst morgens wach und machst das Licht an. Es dauert ein paar Sekunden, bevor alles hell ist, denn der Lichtstrahl aus deiner Lampe braucht Zeit, um alle Wände deines Zimmers zu erreichen. Du stehst auf und grüßt deine Eltern. Die grüßen zurück, aber das ist verrückt: Du hörst ihr »Guten Morgen« schon, bevor du siehst, wie sich ihre Lippen bewegen. Schall breitet sich mit 300 Metern pro Sekunde aus und das Licht in unserem Fallbeispiel nur mit zehn Zentimetern pro Sekunde. Bis du sehen kannst, dass ihr Mund »Guten Morgen« sagt, ist es schon längst wieder still oder sie sagen etwas anderes. Später spielst du ein Autorennen auf dem Computer. Dein Auto prallt dabei jedoch ständig gegen etwas, denn zwischen dir und dem Monitor liegen dreißig Zentimeter Entfernung. Du lenkst im falschen Moment, denn du bemerkst alles drei Sekunden zu spät. Also auch die Anzeige »Game over« ...

Auf dem Weg zur Schule beobachtest du, wie deine beste Freundin ihr Fahrrad am Ständer auf der gegenüberliegenden Seite aufschließt. Du gehst zu ihr hinüber, aber sie ist nirgends mehr zu sehen. Das Licht braucht so lange, bis es zu deinem Auge gelangt, dass sie schon wieder weg ist, bevor du den Fahrradständer erreicht hast. Radfahren an sich ist übrigens lebensgefährlich! Autos und andere Radfahrer sind längst mit dir zusammengeprallt, bevor du sie siehst. Wenn du auf der Rückbank eines fahrenden Busses sitzt und durch die Heckscheibe schaust, siehst du, wie alles in der Zeit rückwärts passiert. Du überholst die Lichtstrahlen. Je schneller und länger du reist, desto weiter schaust du in die Vergangenheit zurück. Ganz nett, aber total unpraktisch. Denn der Fahrer kann nicht sehen, ob er überholt wird. Wir können so was von froh sein, dass das Licht viel schneller ist als zehn Zentimeter pro Sekunde!

EINE OHRFEIGE VON EINSTEIN

Wenn Einstein das hier oben gelesen hätte, hätte er mir vermutlich eine gewaltige Ohrfeige verpasst. Anschließend hätte er mich angebrüllt: »Nichts kann schneller sein als das Licht, du Dummkopf!« Und er hätte damit vollkommen recht gehabt. Das oben stehende Beispiel ist totaler Quatsch und natürlich unwissenschaftlich. Aber du hast verstanden, wie wichtig die extrem hohe Geschwindigkeit des Lichts in unserem Alltag ist.

Übrigens hat Licht diese Spitzengeschwindigkeit nur im Raum, in dem nichts ist. Luft oder Wasser kann Licht weniger schnell durchdringen. Aber natürlich noch immer superschnell. Bloß: Warum kann nichts schneller sein als das Licht? Warum sind diese 300 000 Kilometer pro Sekunde denn nun am schnellsten? Warum können wir nichts mit einer Geschwindigkeit von 350 000 Kilometern pro Sekunde in die Luft schießen? Tja. In erster Linie ist Licht gewichtslos. Photonen wiegen nichts. Darum können sie mit der höchstmöglichen Geschwindigkeit durchs All düsen. Aber es gibt noch einen anderen wichtigen Grund: $E = mc^2$.

E = MC^2

Als König oder Königin begegnet man hin und wieder mal seinem eigenen Abbild auf einem Becher oder T-Shirt. Manche Pop- oder Filmstars findet man auch auf allem Möglichen, ebenso wie Fußballer, Disneyfiguren und berühmte Kunstwerke. Aber physikalische Formeln? Nein, die nicht. Bis auf eine: E = mc^2. Die berühmteste Formel aller Zeiten. Diese fünf Zeichen schmücken Becher, Kleidung, Kissen, Bettbezüge, Handyhüllen, Trinkflaschen und noch viel mehr. Steinreich hätte Einstein damit werden können! Das Witzigste von allem ist jedoch, dass kaum jemand weiß, was das eigentlich genau beinhaltet, aber du wirst es gleich erfahren!

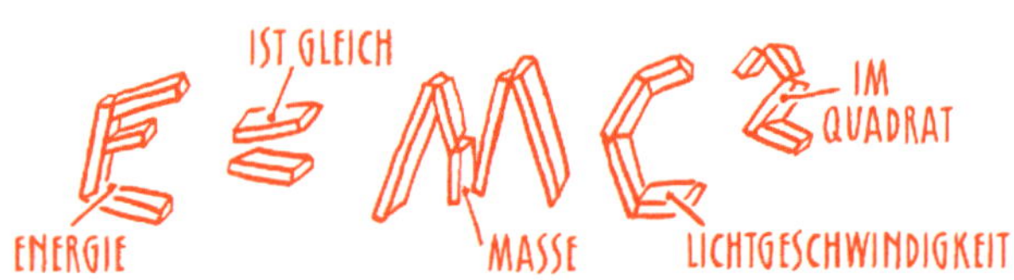

E = mc^2 bedeutet: Energie ist gleich Masse mal Lichtgeschwindigkeit im Quadrat. Etwas einfacher gesagt: Energie ist Masse mal Lichtgeschwindigkeit mal Lichtgeschwindigkeit.

Das E steht für Energie. Die kennen wir mittlerweile. Vor allem in Form von Wärme, Licht und Bewegung. Mit Energie kann man also etwas erwärmen, beleuchten oder in Bewegung setzen.

Das m steht für Masse. Masse ist Gewicht. Aber wenn du das so sagst, werden die Physiker sauer. Das liegt daran, dass dein Gewicht von dem Ort abhängt, an dem du dich befindest. Auf dem Mond ist die Schwerkraft weniger stark. Darum wiegst du dort nur ein Sechstel dessen, was du hier auf der Erde wiegst. Im Weltraum wiegst du sogar überhaupt nichts. Es gibt also einen wichtigen Unterschied zwischen Masse und Gewicht. Masse bleibt immer gleich. Gewicht nicht.

Wenn du hier auf der Erde vierzig Kilo wiegst, dann ist das deine Masse, überall im Weltraum. Du könntest **Masse** auch beschreiben als die Menge an Anstrengung, die du brauchst, um etwas in Bewegung zu setzen. Eine Feder hat sehr wenig Masse, das Himalayagebirge sehr viel. Und ein Kleinkind in der Nähe einer Eisdiele scheint auch sehr viel Masse zu haben.

Das c steht für Lichtgeschwindigkeit: rund 300 000 Kilometer pro Sekunde. Die hochgestellte 2 dahinter bedeutet Quadrat. Ins Quadrat setzen heißt, dass du etwas mit sich selbst malnimmst oder multiplizierst. 3^2 ist demnach 3 mal 3, also 9. Zehn im Quadrat ist dann ...? Genau: hundert. Lichtgeschwindigkeit im Quadrat ist also 300 000 mal 300 000 = 90 000 000 000 Kilometer pro Sekunde.

IST DEIN KÖRPER EINE ENERGIEZENTRALE?

Wir wissen nun, was $E = mc^2$ bedeutet. Aber was machen wir jetzt damit? In Einsteins Gleichung geht es um Energie und um Masse. Die Lichtgeschwindigkeit ist immer 300 000 Kilometer pro Sekunde. Die verändert sich nie. Das heißt, in der Formel $E = mc^2$ verändert sich das c^2 nie. Wenn E größer wird, muss m auch größer werden. Und wenn E kleiner wird, wird m automatisch kleiner. Energie und Masse sind also direkt miteinander verbunden. Mehr noch: Sie sind nicht nur verbunden, sie sind eigentlich dasselbe. Darum kann Masse Energie werden. Und Energie kann zu Masse werden.

Das c^2 ist riesig groß mit seinen 90 000 000 000 Kilometern pro Sekunde. Das bedeutet, dass du nur ein sehr kleines m brauchst, um ein großes E zu bekommen. Aus einem winzig kleinen Teilchen kannst du also wahnsinnig viel Energie holen. Genau das passiert in Kernkraftwerken. Du selbst bist übrigens auch eine gigantische Energiequelle. Genügend Energie, um ein paar starke Lampen Abertausende von Jahren brennen zu lassen – wenn du weißt, wie du diese Energie auf die richtige Weise herausholst. Aber so weit sind wir noch nicht.

WÄHREND DU DAS LIEST, WIRD DIE SONNE 20 000 000 000 KILOGRAMM LEICHTER

Es gibt zwei sehr, sehr wichtige Gesetze, die schon lange bekannt sind. Das eine ist der **Massenerhaltungssatz**. Was auch passiert: Masse bleibt Masse. Zumindest dem Gesetz nach. Und daran gibt es nichts zu rütteln, auch wenn es verrückt klingt. Diesem Gesetz zufolge bleibt beispielsweise die Masse eines Holzscheits im Kamin immer bestehen. Aber wenn es verbrannt ist, findest du nur noch eine Schicht Asche, die du einfach so wegpusten kannst. Und trotzdem stimmt das Gesetz.

Denn wenn du alle Rußteilchen im Rauch auffangen würdest, kämst du wieder bei der Masse des Holzscheits heraus. Das hat man sehr häufig gemessen und immer mit demselben Ergebnis. Im Weltall sehen wir auch, dass Masse erhalten bleibt: Ein Stern explodiert, die Teilchen fliegen herum und bilden weiter weg wieder neue Sterne und Planeten. Kein Teilchen scheint verloren zu gehen.

WARUM DIR DURCH BEWEGUNG WARM WIRD

Das andere Gesetz ist der **Energieerhaltungssatz**. Du errätst bestimmt schon, worauf dieses Gesetz hinausläuft: Energie geht nie verloren. Energie bleibt immer erhalten. Die Energie kann zwar in andere Formen von Energie umgewandelt werden, aber sie bleibt Energie.

Wärme verteilt sich beispielsweise im Weltraum, sodass sie sich verdünnt und du nichts mehr davon merkst. Aber sie bleibt da. Bewegungsenergie wird in Wärme umgesetzt. Fass mal einen Pürierstab an, wenn der eine Weile an war. Ein Automotor ist nach einer strammen Fahrt sogar zu warm zum Anfassen. Licht wird in Wärme umgewandelt. Das merkst du ganz gut, wenn du am Strand liegst und sich plötzlich eine Wolke vor die Sonne schiebt.

Diese beiden Gesetze stehen unverrückbar fest. Sie sind sogar ziemlich logisch. Es gibt nur ein Problem. Sterne verlieren sehr wohl an Masse. Unsere Sonne zum Beispiel wird immer leichter. Und gar nicht mal so wenig. Der Kern der Sonne verliert jede Sekunde – nicht erschrecken! – vier Milliarden Kilo an Masse! Jede Sekunde. (Man sollte meinen, so bliebe nichts mehr übrig. Aber die Sonne ist so groß, dass man davon nichts merkt. Die wird noch Milliarden Jahre brennen.)

PANIK-PANIK-PANIK!

Die Frage ist nur: Wo bleibt die Masse der Sonne? Nirgends. Nicht auf der Erde, nicht auf dem Mars, nicht im Weltraum. Die Masse verschwindet einfach. Sie wandelt sich in Energie um. Das passiert bei allen ähnlichen Sternen. Der Massenerhaltungssatz scheint also nicht zu stimmen, wenn doch Masse verschwindet?! Panik-Panik-Panik. Aber! Dank $E = mc^2$ funktioniert es trotzdem! Denn die Masse wird in Energie umgewandelt. Und Energie ist Masse. Puuuuh. Einstein sei Dank können wir erleichtert aufatmen!

Zurück zu unserem Holzscheit. Ein Teil des Holzes wird in Energie umgewandelt: in Wärme und Licht. Woher kommt die Energie denn dann? Aus der Masse. Aber Messungen haben doch gezeigt, dass keine Masse verloren ging? Stimmt. Das liegt daran, dass nur ein unvorstellbar kleiner Teil Masse verschwindet. So wenig, dass sie nicht messbar ist. Ein hauchdünnes Stückchen eines äußerst kleinen Rußteilchens verschwindet also doch in Form von Wärme und Licht. Nur eben so wenig, dass dieses Gesetz im Alltag durchaus tauglich ist.

WIE DIE ERSTEN TEILCHEN IM WELTALL ENTSTANDEN SIND

Aber wenn $E = mc^2$ ist, kann man Energie dann auch in Masse umwandeln? Oder: Kann man aus Lichtstrahlen Teilchen machen? Ja! Und genau das ist während des Urknalls passiert. So sind die ersten Teilchen entstanden. Wissenschaftler können das auch. In Spezialräumen ist es ihnen gelungen, Photonen mit sehr viel Energie in Teilchen zu verwandeln.

Wir sind der Antwort auf die Frage, woher alle Materie in unserem Weltall stammt, also einen Schritt näher gekommen. Denn zu Beginn des Universums war es unvorstellbar heiß. Und aus dieser Wärmeenergie sind Teilchen entstanden. Doch dieses Kapitel sollte eigentlich eine Antwort auf die Frage finden, warum nichts schneller sein kann als das Licht … Dieses Problem können wir jetzt endlich lösen. Mithilfe der Astronauten Fritz und Alfred.

Angenommen, Fritz und Alfred reisen fast mit Lichtgeschwindigkeit in einer Rakete. Und Fritz sagt zu seinem Kollegen: »Komm schon, Alfred, gib Vollgas. Wir versuchen, Lichtgeschwindigkeit zu erreichen.« Dann brauchen sie mehr Energie, um schneller zu werden. Das E in $E = mc^2$ wird also größer. Aber dann muss m auch größer werden, denn das c^2 verändert sich nie. Je schneller sie reisen wollen, desto schwerer werden sie. Und je schwerer sie werden, desto mehr Energie brauchen sie, um schneller zu werden. Schließlich würde die Rakete selbst unendlich schwer werden. Und deswegen kann nichts schneller reisen als das Licht. Licht wiegt nichts und kann sich daher unvorstellbar schnell fortbewegen.

Nur andere Dinge ohne Masse könnten genauso schnell sein. Aber wo findet man die?

ZURZEIT BIST DU MIT 2 000 000 KILOMETERN PRO STUNDE IM WELTALL UNTERWEGS

Dank Albert Einsteins Gedankenexperimenten wissen wir heute viel besser, wie unser Weltall funktioniert. So manches, was wir für die normalste Sache der Welt hielten, hat sich als ganz anders erwiesen, als wir dachten. Wie zum Beispiel Raum und Zeit.

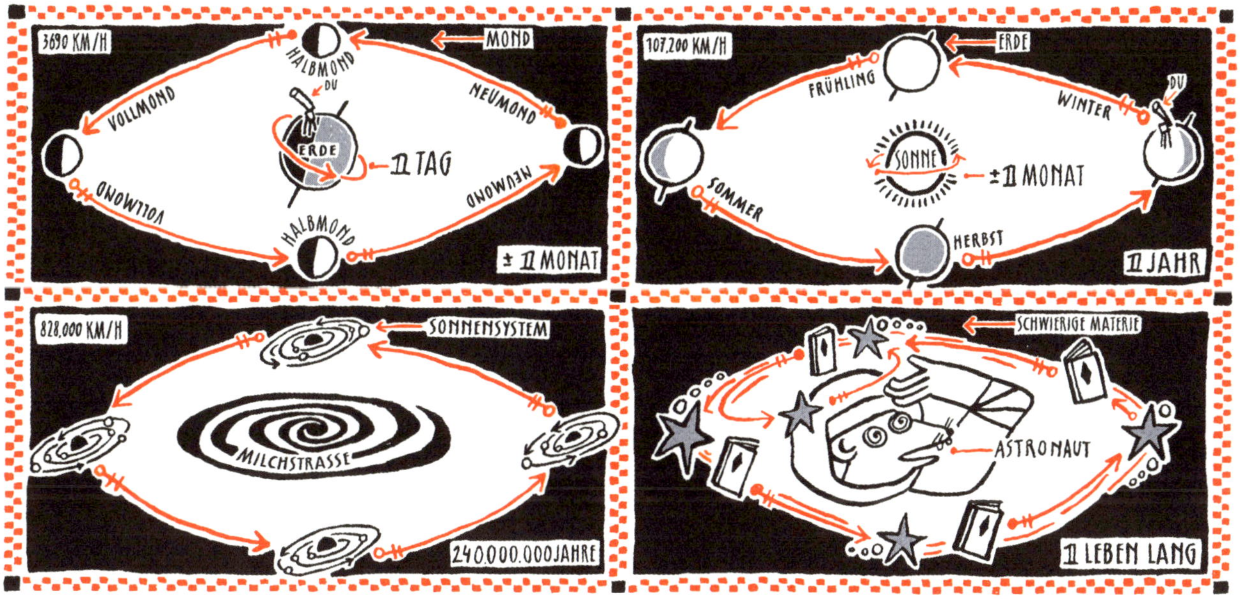

Bestimmt hast du schon mal etwas von Einsteins Relativitätstheorie gehört. Schon wieder so eine berühmte Theorie, die kaum einer versteht. Sie ist allerdings auch nicht ganz einfach – es dauerte sogar Jahre, bis manche gelehrte Kollegen von Einstein sie verstanden. Aber sie stimmt! Und wenn alles klappt, wirst du sie auch gleich verstehen. Diese Theorie ist ausgesprochen wichtig und bisher nicht widerlegt. Du brauchst sie, wenn du in der Zeit reisen oder unser Weltall verstehen willst.

DU SITZT NIE STILL, AUCH JETZT NICHT

Du bewegst dich mehr, als du denkst. Und auch schneller. Sogar während du ganz ruhig im Sessel sitzt und dieses Buch liest, bist du ordentlich in Bewegung. Erst recht, wenn du dich zufällig in der Nähe des Äquators aufhältst. Denn die Erde dreht sich um ihre Achse und am Äquator bedeutet dies, dass du dich mit gut 1670 Kilometern pro Stunde drehst. Wenn du in Hamburg oder Berlin bist, bewegst du dich mit etwa 1000 Kilometern pro Stunde.

Solltest du bei der Geschwindigkeit nicht lieber einen Helm aufsetzen? Obwohl – lass nur. Denn du fliegst auch noch mit einer Geschwindigkeit von 107 000 Kilometern pro Stunde um die Sonne. Bei einem solchen Affenzahn nutzt dir ein Helm auch nichts. Übrigens steht die Sonne auch nicht still. Die zischt mit etwa 800 000 Kilometern pro Stunde um die Achse der Milchstraße. Außerdem rast unsere Milchstraße ebenfalls durch das All, als müsste sie unbedingt den Zug kriegen. Mit gut 2 Millionen Kilometern saust unsere Galaxie durch den Weltraum. Und du dachtest, du sitzt still? Von wegen!

Aber welche Geschwindigkeit hast du nun wirklich? Welche Geschwindigkeit »stimmt«? Na ja, das genau ist der Punkt: Sie stimmen alle. Du hast *all* diese Geschwindigkeiten gleichzeitig. Es hängt nur davon ab, mit wem oder was du deine Geschwindigkeit vergleichst. Es gibt also nicht nur *eine* Geschwindigkeit. Und das ist nicht das Einzige: Es gibt auch nicht nur *eine* Zeit, die stimmt. Zeit hängt davon ab, wie schnell du unterwegs bist. Um das zu erklären, müssen wir Tennis spielen. Und zwar mit Mona von Kramm aus Großbach. In einer Kanone. In einem Zug. Hallo Mona!

WARNUNG!

Eine kleine Warnung: Trotz der Kanone wird es keine ganz spannende Geschichte. Und vielleicht musst du ein paar Dinge auch mehrmals lesen, bevor du sie verstehst. Aber wenn du dich hier durchgewurstelt hast, verstehst du eine der wichtigsten Theorien Einsteins. Dann verstehst du Dinge, die vermutlich nicht einmal deine Eltern verstehen, die aber jeder gern wissen möchte ... Also ist es schon der Mühe wert. Und wenn du es am Ende doch langweilig findest: macht nichts. Vielleicht gefällt es dir ja in ein paar Jahren.

STILLSTEHEN MIT 100 KILOMETERN PRO STUNDE

Hier unten sehen wir Mona von Kramm aus Großbach. Sie befindet sich in einem stehenden Zug und sie hat eine Tennisballkanone. Die Kanone schießt den Ball mit einer Geschwindigkeit von hundert Stundenkilometern hinten an die Waggonwand. Wir stehen draußen an der Seitenlinie des Zugs mit einem Geschwindigkeitsmessgerät und messen sorgfältig hundert Kilometer pro Stunde. Genau wie Mona von Kramm aus Großbach.

Hier unten sehen wir wieder Mona von Kramm aus Großbach. Diesmal fährt der Zug mit einer Geschwindigkeit von exakt hundert Kilometern pro Stunde. Für sie verändert sich nichts. Der Ball fliegt genauso schnell von ihr weg. Noch immer mit hundert Kilometern pro Stunde. Aber für uns als Zuschauer an der Seitenlinie verändert sich sehr wohl etwas. Für uns scheint es, als würde der Ball stillstehen. Der Zug fährt mit hundert Stundenkilometern nach rechts und der Ball fliegt mit derselben Geschwindigkeit nach links. Unser Geschwindigkeitsmesser misst, dass der Ball eine Geschwindigkeit von 0 Kilometern pro Stunde hat.

Mona sagt, der Ball fliegt mit hundert Stundenkilometern. Wir finden, dass er stillsteht. Wer hat recht? Wir alle. Beide Geschwindigkeiten stimmen. Jetzt wiederholen wir das Experiment, aber nun mit Licht.

Schau mal, wen wir da haben ... Mona von Kramm aus Großbach! Diesmal hat sie eine Taschenlampe und leuchtet entgegen der Fahrtrichtung des Zuges. Der Zug fährt mit hundert Stundenkilometern. Mona misst, dass sich die Lichtstrahlen exakt mit Lichtgeschwindigkeit von ihr wegbewegen.

Und wir? Was glaubst du? Die Lichtgeschwindigkeit minus hundert Stundenkilometer? Nein! Licht verhält sich nicht wie ein Tennisball. Wir sehen Licht immer mit derselben Geschwindigkeit. Wir sehen das Licht mit genau derselben Geschwindigkeit wie Mona von Kramm aus Großbach. Sogar wenn du dich in einem Raumschiff befindest, das mit Lichtgeschwindigkeit reist, ist das Licht aus den Scheinwerfern nicht schneller als sonst. Licht im Raum bewegt sich immer mit einer Geschwindigkeit von 300 000 Kilometern pro Sekunde fort.

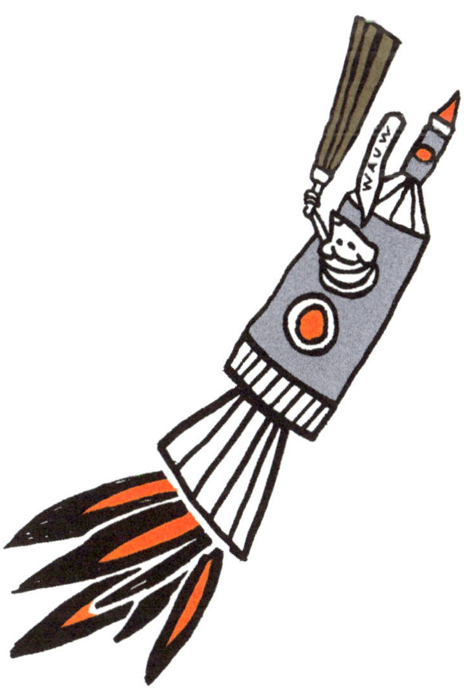

Das führt zu einem seltsamen Gedankenexperiment. Stell dir vor, du befindest dich in einem Raumschiff. Neben dir fliegt ein weiteres Raumschiff genau gleich schnell auf einer kerzengeraden Linie durch einen vollkommen dunklen Tunnel. Dann scheint es, als würde das Raumschiff neben dir stillstehen. Logisch, oder? Aber stell dir vor, du bist ein Lichtteilchen in diesem Tunnel und neben dir schießt ein Lichtteilchen in genau dieselbe Richtung. Dann fliegt ihr wie die Raumschiffe gleich schnell in dieselbe Richtung. Und trotzdem siehst du, wie sich das andere Teilchen mit einer Geschwindigkeit von 300 000 Kilometern pro Sekunde bewegt ... Kannst du dir das vorstellen? Nein? Schön, dann verstehst du es.

Es ist etwas leichter vorstellbar, wenn du bedenkst, dass du mit einem Raumschiff mit Lichtgeschwindigkeit reist und die Scheinwerfer einschaltest. Das Licht aus diesem Raumschiff sieht dann vollkommen normal aus. Die Lichtstrahlen schießen für dich genauso vor dir her wie das Licht aus dem Scheinwerfer deines Fahrrads im Dunkeln. Sogar, wenn du mit Lichtgeschwindigkeit unterwegs bist. (Du fährst doch hoffentlich mit Licht im Dunkeln, oder? Schön aufpassen!)

1000 METER, DIE KEIN KILOMETER SIND, UND 60 MINUTEN, DIE LANGSAMER VERGEHEN ALS 1 STUNDE

Wir sehen, wie Licht sich immer mit Lichtgeschwindigkeit durch die Luft bewegt. Das ist so ungefähr das unumstößlichste Gesetz der Welt. Dieses Gesetz kommt noch vor dem Gesetz über die Minute, die eine Minute dauert, oder dem Gesetz über den Meter, der immer einen Meter lang ist. Jetzt pass mal auf.

Du errätst es wahrscheinlich schon: Mona leuchtet nach links und sieht das Licht ganz normal mit Lichtgeschwindigkeit. Wir sehen, wie sich der Zug sehr schnell bewegt. Und auch wenn das Licht entgegen der Fahrtrichtung scheint, sehen wir es trotzdem mit voller Lichtgeschwindigkeit. Nichts Neues also. Aber jetzt kommt es ... Von Mona aus gesehen, braucht der Lichtstrahl länger als für uns, um die Rückwand des Waggons zu erreichen. Sie sieht, wie der Lichtstrahl die normale Entfernung bis zur Waggonwand zurücklegt. Aber wir sehen, wie sich das Ende des Zugs auf den Lichtstrahl zubewegt. Sie kommen sich also entgegen. Wir sehen daher schneller als Mona, wie der Lichtstrahl die hintere Waggonwand erreicht! Weil sich Lichtstrahl und Rückseite des Waggons aufeinander zubewegen, ist der Abstand kürzer geworden. Von uns aus gesehen müsste die Länge des Zugs geschrumpft sein. Denn wenn die Reisezeit kürzer geworden ist, während die Geschwindigkeit gleich bleibt, kann ja nur der Abstand kürzer geworden sein!

Je schneller du reist, desto kürzer wird die Strecke. Das kannst du glauben oder nicht. Kein Wunder, dass der jamaikanische Sprinter Usain Bolt fast all seine Wettkämpfe gewann: Er rannte am schnellsten und lief dadurch die kürzeste Strecke! Das war natürlich nicht ganz ernst gemeint. Bei unseren Geschwindigkeiten hier auf der Erde merkst du das nicht, aber bei den enormen Geschwindigkeiten im Weltraum spielt es eine große Rolle.

Es gibt die unterschiedlichsten Uhren in den verschiedensten Größen. Und Mona hat eine ganz besondere Uhr: Sie funktioniert mit Lichtsignalen. Vom Zugboden geht ein Signal geradewegs nach oben zur Decke. Wenn das Signal oben ankommt, geht im selben Moment ein Signal zurück – am laufenden Band, ständig rauf und runter. Wir kennen die Lichtgeschwindigkeit und den Abstand zwischen den Lichtsignalen. Wir wissen also genau, wie lang ein solcher Lichtimpuls braucht, um von unten nach oben zu gelangen. Indem du die Anzahl der Lichtimpulse notierst, kannst du genau berechnen, wie viel Zeit verstreicht.

Sagen wir, es ist eine Sekunde vorbei, wenn die Lichtstrahlen 75 000 Mal rauf und runter gegangen sind. Der Zug steht und wir sehen die Lichtimpulse genauso schnell wie Mona. Unsere Uhren gehen gleich.

Auf dieser Abbildung geschieht das Gleiche, nur fährt der Zug jetzt superschnell. Mona ist das egal. Bei jeder 75 000sten Bewegung hinauf und hinunter ist für sie eine Sekunde verstrichen. Sie sieht die Lichtstrahlen noch immer gerade rauf- und runtergehen – der schnellste Weg von unten nach oben und zurück. Aber für uns gehen die Lichtimpulse anders.

Wir sehen sie in schrägen Linien von unten nach oben und wieder zurückgehen, weil sie sich mit dem Zug bewegen. Ein Huhn, das quer über die Straße läuft, legt eine längere Strecke zurück als ein Huhn, das die Straße gerade überquert. Wir sehen, wie die Lichtstrahlen also auch eine größere Strecke zurücklegen. Und wie wir wissen, ist die Geschwindigkeit des Lichtstrahls genauso schnell wie die von Mona gemessene. Es dauert also länger, bevor wir jeden Lichtstrahl ankommen sehen. Wir sehen, dass Monas Uhr langsamer geht. Mona selbst merkt davon nichts, sie sieht ihre Uhr in normaler Geschwindigkeit ticken. Aber dennoch muss die Zeit für sie langsamer vergehen als für uns. Scheint das so, weil wir es so sehen, oder ist das so? Es ist so. Monas Uhr geht wirklich langsamer.

ZWILLINGE MIT 30 JAHREN ALTERSUNTERSCHIED (JA, DAS GEHT!)

Je schneller Züge oder Raumschiffe unterwegs sind, desto langsamer gehen die Uhren. Du merkst das übrigens erst bei wirklich hohen Geschwindigkeiten, längst nicht bei den Geschwindigkeiten, die wir hier auf der Erde erreichen können. Aber das führt dennoch zu merkwürdigen Gedankenexperimenten. Stell dir Zwillinge vor: Gregory und Anjali. Mit zwanzig wird Gregory Raketenbauer und Anjali Astronautin. Anjali geht auf Weltraumreise – mit sehr hoher Geschwindigkeit. Als sie auf die Erde zurückkehrt, ist sie dreißig Jahre älter geworden. Aber Gregory ist steinalt. Für Anjali verging die Zeit viel langsamer … Das geht also schon!

JE SCHWERER, DESTO LANGSAMER – DIE UHR

Aber nicht nur die Geschwindigkeit hat Einfluss auf die Zeit. Die Schwerkraft spielt ebenfalls eine wichtige Rolle. Zwei Stunden auf der Erde sind anders als zwei Stunden im Weltraum. Unsere Satelliten im Weltraum müssen das berücksichtigen, sonst funktionieren die Navigationssysteme nicht mehr richtig. An Orten mit einer größeren Schwerkraft gehen die Uhren langsamer. Je weiter du von der Erde entfernt bist, desto weniger merkst du von der Schwerkraft. Im Weltall schwebst du sogar und es gibt fast keine Schwerkraft zur Beeinflussung der Zeit. Auf dem Dach eines Wolkenkratzers bist du weiter von der Erde entfernt als im untersten Stockwerk. Geht eine Uhr oben dann schneller als unten? Ja! Das wurde gemessen und stimmt offenbar. Im Flachland gehen die Uhren langsamer als in den Bergen. Bevor du beschließt, für immer am Meer zu bleiben, um »älter« zu werden: Der Unterschied ist nur mit extrem präzisen Instrumenten zu messen, im täglichen Leben merkst du nichts davon.

RAUMZEIT

Geschwindigkeit hat also Einfluss auf die Zeit und den Raum. Aber was ist Geschwindigkeit? **Geschwindigkeit** ist eine Wegstrecke, die man in einer bestimmten Zeit in einem Raum zurückgelegt. Meter pro Sekunde. Kilometer pro Stunde. Oder hundert Meter, die du in 14 Sekunden gerannt bist.

Jetzt gehen wir wieder zurück zum ersten Satz des Abschnitts: *Geschwindigkeit hat Einfluss auf die Zeit und den Raum*. Wir ersetzen das Wort »Geschwindigkeit« durch »eine Wegstrecke, die man in einer bestimmten Zeit im Raum zurücklegt«. Dann wird daraus: »Die Wegstrecke, die man in einer bestimmten Zeit im Raum zurücklegt, hat Einfluss auf den Raum und die Zeit.«

Zeit und Raum haben also Einfluss auf Zeit und Raum. Raum und Zeit sind eng miteinander verbunden. Raum und Zeit gibt es nicht unabhängig voneinander, sondern nur als Raumzeit. Sie bilden eine Einheit.

Eigentlich ist das ganz logisch. Wenn Mona von Kramm aus Großbach mit ihren Freundinnen verabredet, dass sie mit dem Rad zum Schwimmbad fahren, dann vereinbart sie einen Raum (also einen Ort) *und* eine Zeit: »Samstag um zwei Uhr treffen wir uns alle bei mir vorm Haus.« Mit nur einem Ort kommt man nicht weit, denn dann können Monas Freunde ziemlich lange bei ihr vor dem Haus warten. Im Raum hat man sehr viele Möglichkeiten: Sie können sich auch an einem Platz verabreden, auf dem Schulhof oder vor dem Haus eines anderen Freundes. Sie können in alle Richtungen. In der Zeit kann man nur in eine einzige Richtung: in die Zukunft. Es hat keinen Sinn, sich für vorgestern um drei Uhr zum Schwimmen zu verabreden …

Vielen Dank für deine Hilfe, Mona von Kramm aus Großbach!

9,8 METER PRO SEKUNDE

Sitzt du bequem im Sessel? Oder stehst du auf dem Boden? Liegst du auf dem Sofa? Egal was du tust, du spürst dein Gewicht auf dem Sessel, dem Boden oder dem Sofa. Das macht die Schwerkraft mit dir. Die zieht dich immer mit ihrer Anziehungskraft zur Erde. Stell dir jetzt mal vor, du hättest eine Augenbinde um und hättest das Gefühl, keine Schwerkraft zu spüren, so als ob du schweben würdest. Was könnte dann los sein? Vielleicht bist du im Weltraum. Dort gibt es keine Schwerkraft. Du könntest auch in einem großen Flugzeug schweben, das sich kurz im Sturzflug befindet. Oder du bist in einem großen Aufzug, der rasend schnell nach unten geht. In all diesen Fällen verspürst du keine Schwerkraft. Wenn du also plötzlich mit einer Augenbinde wach wirst und keine Schwerkraft verspürst, kannst du nie mit Sicherheit sagen, was mit dir los ist.

»Ja und?«, wirst du dich vielleicht fragen. Hab bitte noch einen Moment Geduld, es wird gleich spannender.

WARUM DU NACH VORN FLIEGST, WENN EIN AUTO ABRUPT BREMST

Das Umgekehrte ist übrigens ebenfalls möglich: Du spürst etwas, obwohl es gar nicht da zu sein scheint. Das ist zum Beispiel der Fall, wenn du in einem Auto sitzt, das schnell anfährt. Dann wirst du in den Sitz gedrückt und das fühlt sich ähnlich an wie die Schwerkraft. Wenn das Auto nicht mehr beschleunigt und seine Geschwindigkeit beibehält, hast du dieses Gefühl nicht mehr. Schließe mal die Augen, wenn du ganz konstant mit derselben Geschwindigkeit über eine kerzengerade Straße fährst – dann merkst du nicht, dass du dich bewegst. Die Bewegung spürst du erst dann, wenn du wieder beschleunigst oder abbremst. Aber im letzten Fall spürst du die Beschleunigung genau umgekehrt. Wenn du während einer ziemlich zügigen Fahrt wie ein Irrer auf die Bremse trittst, fliegst du nach vorn. Darum legen wir im Auto Sicherheitsgurte um. (Du legst im Auto doch einen Sicherheitsgurt um, oder? Schön aufpassen!)

Die Beschleunigung gibt die Änderung der Geschwindigkeit in einem Zeitintervall an. Wenn du aus dem Stand zwei Meter pro Sekundequadrat beschleunigst, fährst du nach einer Sekunde zwei Meter pro Sekunde. Nach zwei Sekunden vier Meter. Nach drei Sekunden sechs. Nach vier acht, und so weiter. Du fährst also immer schneller. Das merkst du vor allem gut, wenn du, ohne zu bremsen, einen Berg hinuntersaust.

Bist du noch da? Denn jetzt wird es interessant.

WARUM DIE ZEIT IM RAUM SCHNELLER VERGEHT ALS AUF DER ERDE

Wenn du nun in einem Aufzug im Weltraum stehst, fühlst du keine Schwerkraft. Denn im Weltall spürt man kein Gewicht. Aber wenn dieser Aufzug mit einer Beschleunigung von fast zehn Metern pro Sekunde im Quadrat nach oben gezogen wird, spürst du genau dieselbe Schwerkraft an deinen Füßen wie auf der Erde in einem stehenden Aufzug. In diesem Fall sind die beiden Kräfte fast gleich. Darum kannst du dich fragen, ob sich die Kräfte nur ähneln oder ob es dieselben sind. Letzteres trifft zu. Die Schwerkraft auf der Erde entspricht einer Beschleunigung von 9,8 Meter pro Sekunde im Quadrat.

Jetzt verstehst du auch, warum die Schwerkraft die Zeit beeinflusst. Denn Geschwindigkeit beeinflusst die Zeit, das haben wir auf den vorigen Seiten gelesen. Wenn Geschwindigkeit die Zeit beeinflusst, gilt das erst recht für die Beschleunigung. Schwerkraft und Beschleunigung hängen zusammen.

Stell dir vor, das Laken auf der Abbildung oben ist die Zeit und jedes Feld eine Sekunde. Dann siehst du, dass jede Sekunde in der Nähe eines schweren Gegenstands gedehnt wird. Eine Sekunde dauert bei der Bowlingkugel also länger, die Zeit vergeht langsamer. Beim Schwarzen Loch ist der Effekt noch viel stärker. Je größer also die Schwerkraft, desto langsamer vergeht die Zeit. Im Weltraum ist kaum Schwerkraft vorhanden, darum geht deine Uhr dort schneller als auf der Erde.

1 KERZENGERADE LINIE MIT 133 KURVEN

Die Schwerkraft auf der Erde fühlt sich also an wie eine Kraft mit einer Beschleunigung von ungefähr 9,8 Metern pro Sekunde im Quadrat. Aber im Weltraum spürst du die Schwerkraft nicht. Je weiter du dich von der Erde entfernst, desto schwächer wird die Schwerkraft. Auf einem Berg gibt es ein kleines bisschen weniger Schwerkraft als am Meer. Weil die Schwerkraft der Beschleunigungskraft entspricht, kannst du dir vorstellen, dass die Beschleunigung geringer wird, je weiter du von der Erde entfernt bist. Schließlich wird die »Beschleunigung« sogar fast null. Du spürst nichts mehr. Das gilt natürlich nicht nur für die Erde, sondern für alle großen Planeten, Monde und Sterne.

UNSER WELTALL – EINE WELLIGE BRÜHE

Die Zeichnung mit der Bowlingkugel auf der vorigen Seite hattest du natürlich schon zuvor mal gesehen. Sie hat eine verdächtige Ähnlichkeit mit der Bowlingkugel auf Seite 48. Und dort stand: »So, kannst du dir vorstellen, krümmt auch die Schwerkraft den Raum.« Das stimmt also. Nur wissen wir jetzt, dass die Schwerkraft die Raum*zeit* krümmt ... Denn Zeit und Raum sind miteinander verbunden.

Unser Weltall ist keine starre Umgebung, die schön glatt durch den Raum gleitet. Es ist eine krumme, wellige Brühe, in der nichts gerade ist in der Nähe von Planeten, Sternen, Schwarzen Löchern und anderen schweren Raumobjekten. Sogar Lichtstrahlen weit entfernter Sterne verlaufen in gekrümmten Linien durch das Universum. Das liegt also nicht daran, dass Licht von der Schwerkraft angezogen wird, denn Licht wiegt nichts. Es liegt daran, dass der Weltraum selbst krumm ist.

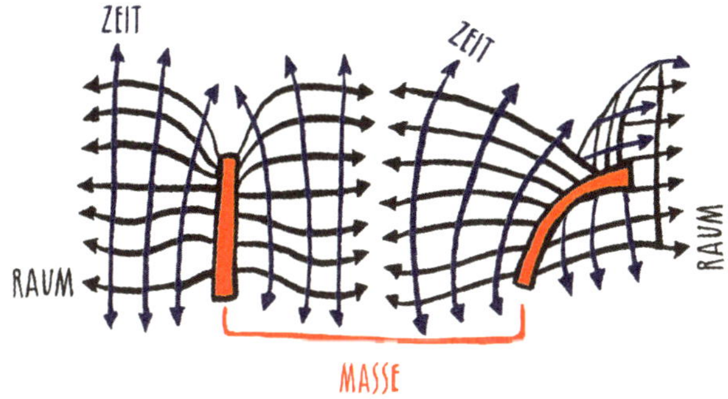

Kurzum:

- Wenn du keine Schwerkraft verspürst und eine Augenbinde trägst, errätst du nie, was mit dir los ist.
- Wenn du sehr wohl Schwerkraft verspürst und eine Augenbinde trägst, kannst du auch nicht sicher wissen, was mit dir los ist.
- Geschwindigkeit hat Einfluss auf die Zeit und den Raum.
- Schwere Gegenstände wie Planeten, Sterne und Schwarze Löcher krümmen die Zeit und den Raum.
- Im Weltall gibt es deswegen gekrümmte Raumzeit.
- Es ist wichtig, Sicherheitsgurte anzulegen.

Gekrümmte Raumzeit: Klingt äußerst kompliziert und das ist es auch. Kein Wunder, dass Einsteins Kollegen Jahre brauchten, bis sie ihn verstanden hatten. Aber es ist wichtig, dass du es hier mal gelesen hast, vor allem wenn du in der Zeit reisen möchtest. Und wer will das nicht? Bevor wir so weit sind, müssen wir nur noch kurz das zweitunangenehmste Kapitel in diesem Buch hinter uns bringen. Das kommt also jetzt. Es ist nicht so sehr unangenehm, weil es langweilig wäre – es ist sogar ziemlich interessant. Es ist auch nicht unangenehm, weil es kompliziert wäre, denn es lässt sich prima verstehen. Es ist vor allem so unangenehm, weil es so ... unangenehm ist. Pass mal auf ...

DAS ZWEITUNANGENEHMSTE KAPITEL IN DIESEM BUCH

Willkommen im zweitunangenehmsten Kapitel in diesem Buch! Lass uns gleich anfangen, dann sind wir auch schnell damit fertig. Mach dich auf etwas gefasst!

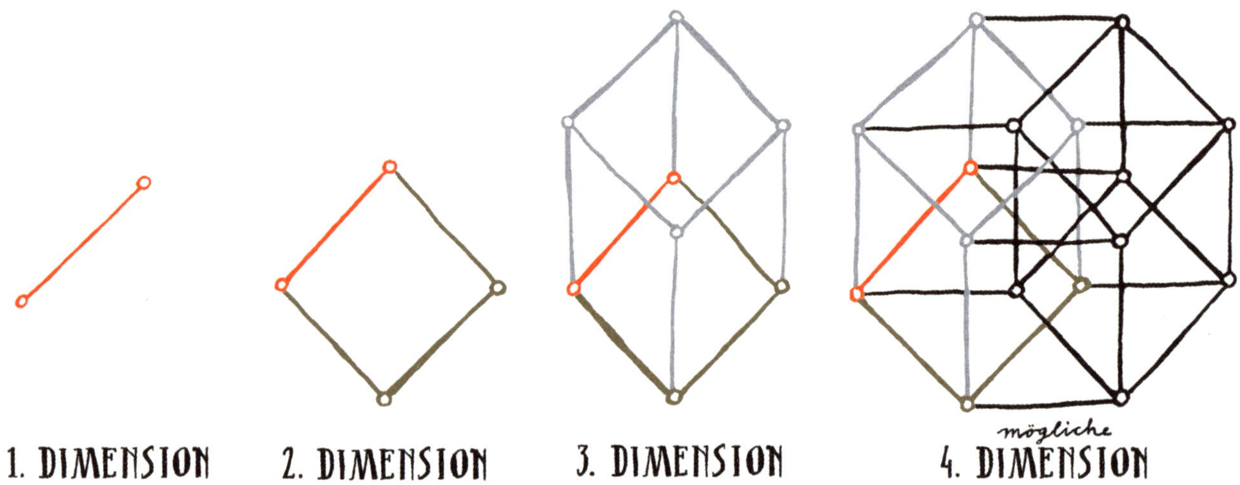

Zeit und Raum bilden zusammen die Raumzeit. Schön. Aber was sollen wir uns jetzt darunter vorstellen?

Betrachten wir Raum und Zeit erst einmal einzeln. Zeit kann man als eine Linie von der Vergangenheit über das Heute in die Zukunft sehen. Und Raum können wir betrachten als, äh ... nun ja, Raum. In diesem Raum kann man vor und zurück. Nach links und nach rechts. Oder nach oben und unten. Jede Bewegungsmöglichkeit stellt eine Dimension dar. In unserem Raum haben wir also drei Dimensionen: Höhe, Breite und Tiefe. Genau wie in einem Würfel. Bis hierher alles gut. Das Problem ist nur, dass Einstein sich damit beschäftigt hat. Und seiner Ansicht nach gibt es demnach noch eine vierte Dimension: die Zeit. Und vielleicht gibt es sogar noch mehr Dimensionen. Jetzt verstehst du, warum dieses Kapitel das fast unangenehmste ist. Denn wie soll man sich eine vierte Dimension vorstellen? Oder eine fünfte? Wo sind die denn?

OBEN & UNTEN, LINKS & RECHTS, VOR & ZURÜCK UND DINGENS & WIE-HEISST-DAS-NOCH ...

Das ist, als würde jemand versuchen dir zu erklären, wie die Farbe Orange aussieht, obwohl du die noch nie gesehen hast. Unser Gehirn ist für mehr als drei Dimensionen nicht geschaffen. Hier siehst du den Planeten Strich: ——————. In Wirklichkeit ist er sogar noch dünner als diese Linie, denn die Bewohner können nur vor und zurück. Sie leben in einer eindimensionalen Welt. Wie sollte man ihnen erklären, dass es noch mehr Dimensionen gibt?

Oder nimm die zweidimensionale Welt des Planeten Fläche: ◇ Auf dem Planeten machen sie ein völlig verständnisloses Gesicht, wenn man den Bewohnern etwas von Höhe erzählt. Und so verstehen wir in unserer dreidimensionalen Welt nichts von einer vierten Dimension.

Und wie soll man Zeit in einen Raum einfügen? Zeit und Raum sind doch zwei völlig verschiedene Dinge! Wenn du jemanden nach den Toiletten fragst, willst du nicht hören: »Links den Flur entlang, Treppe nach unten, zweite Tür rechts und dann übermorgen.« Raum ähnelt Zeit nicht einmal. Sie sind vollkommen verschieden. Raumzeit klingt, als müsste man eine Einheit bilden aus Kälte und Schall. Oder aus Müdigkeit und Erdnussbutter. Oder aus Regenbogen und Billardkugeln. Die haben auch nichts miteinander zu tun. Und doch gibt es die **Raumzeit**! Du könntest dir die Raumzeit vorstellen als einen unermesslich hohen Stapel Abbildungen unseres gesamten Weltalls. Und jede Abbildung ist ein Moment in der Zeit. Keine normale Abbildung – denn dieses muss natürlich das zweitunangenehmste Kapitel bleiben –, sondern eine dreidimensionale Abbildung.

EIN STAPEL DREIDIMENSIONALER ABBILDUNGEN

So ist die Raumzeit ein gigantischer Stapel dreidimensionaler Abbildungen übereinander. Wenn du in der Zeit reist, gehst du einfach ein paar Abbildungen zurück. Und wie ist das dann mit der Zukunft? Gibt es diese Abbildungen schon? Manche sagen Ja, andere meinen Nein. Dafür finden wir vorläufig noch keine Lösung. Aber die Raumzeit hat schon etwas sehr Interessantes, da wir mit Leichtigkeit im Raum hin und her können. Wenn Zeit also ein Teil des Raumes ist – können wir dann auch hin und her in der Zeit? Vielleicht schon ...

30 KILOMETER NÖRDLICH VOM NORDPOL

Jetzt, da wir das zweitunangenehmste Kapitel hinter uns haben, können wir auch gleich mal über die Form unseres Weltalls reden. Denn das ist auch kein Vergnügen. Mach mal die Augen zu und versuche dir vorzustellen, wie dieses gigantische Weltall, das immer weiter wächst, aussieht. Fertig? Hast du eine Art wachsende Kugel vor dir gesehen? Das stimmt schon mal nicht. Unser Universum ist viel komplizierter.

Das für uns sichtbare Weltall kannst du schon noch so sehen. Das ist der Teil, von dem aus sich das Licht in den letzten 13,8 Milliarden Jahren in unsere Richtung hat ausbreiten können. Eine längere Reise ist nicht möglich, denn davor gab es das Weltall noch nicht. Alles, was weiter weg ist, hat uns noch nicht erreicht. Jede Sekunde wird dieses sichtbare Weltall rund 300 000 Kilometer rundum in alle Richtungen größer. Aber das vollständige Universum ist viel größer als das, was wir je sehen werden. Manche sagen, etwa 250 Mal größer, aber sicher wissen wir es nicht. Es kann auch unendlich groß sein. Was sich außerhalb des sichtbaren Teils befindet, wissen wir also auch nicht. Übrigens gibt es überhaupt keinen Grund anzunehmen, dass das Weltall ein Stück weiter entfernt ganz anders aussieht. Du kannst davon ausgehen, dass es unserem Teil des Universums sehr ähnlich ist.

WAS BEFINDET SICH UM UNSER WELTALL HERUM?

Der sichtbare Teil des Weltalls ist also eine Kugel. Und der Rest? Wie sieht denn das Weltall insgesamt aus? Tja. Wenn du dir deinen Tag wirklich gründlich verderben willst, solltest du dich in dieses Problem vertiefen. Nimm zum Beispiel das winzige Weltall im allerersten Stadium. Dieses winzige Universum war alles. Ja, aber worin schwebte es dann? Diese Frage lässt sich nicht beantworten. Die Frage, ob sich etwas um unser Weltall herum befindet, ist sinnlos. Du kannst es mit der Frage vergleichen: »Was ist nördlich vom Nordpol?« Vielleicht gibt es schon etwas außerhalb unseres Weltalls, genauso wie es etwas außerhalb unserer Erde gibt. Aber ob da was ist und wie es aussieht, das werden wir nicht herausfinden. Licht von weit entfernten Dingen in unserem Weltall kann uns nicht erreichen, daher wird uns Licht von Dingen außerhalb des Weltalls – wenn es die denn gibt – erst recht nie erreichen können.

Oder stell dir sonst die Oberfläche einer vollkommen weißen Murmel vor. Wo befindet sich die Mitte dieser Oberfläche? Auf jedem Punkt? Oder auf keinem einzigen Punkt? Stell dir so eine Murmel vor, die rund und glatt und genauso groß ist wie die Erde. Wenn du darauf läufst, wirkt sie flach, weshalb früher jeder dachte, unser Planet sei flach. Du kannst endlos weiterlaufen, ohne an den Rand des Planeten zu gelangen. Denn es gibt keinen Rand. So ist das mit unserem Weltall auch. Wie der Boden auf dem Murmelplaneten zweidimensional wirkt, so scheint der Raum dreidimensional. Aber der Murmelplanet ist, wenn du ihn von außen siehst, dreidimensional, und so ist unser Weltall vierdimensional.

Wenn du dir die Form des Weltalls in Gedanken vorstellen willst, musst du an einen vierdimensionalen Raum ohne Ränder denken, bei dem jeder Punkt der Mittelpunkt ist. Dann mal los und viel Spaß! Ach nein, lass nur! Schade um deine Zeit. Wir machen etwas viel Schöneres. Wir reisen wieder ein bisschen in der Zeit zurück. Denn weil das Weltall hier und da krumm ist, geht das vielleicht irgendwann einmal ...

Der für uns sichtbare Teil des Weltalls besteht aus Sternen, deren Licht uns bislang hat erreichen können. Darunter befinden sich Sternsysteme, die fast dreizehn Milliarden Jahre alt sind. Das Licht hat also dreizehn Milliarden Jahre gebraucht, um uns zu erreichen. Das heißt aber nicht, dass sich diese Galaxien dann auch in einer Entfernung von fast dreizehn Milliarden Lichtjahren von uns befinden ... Das Weltall wird immer größer – also sind die Sternsysteme in diesen Milliarden Jahren immer nur noch weiter von uns abgerückt. Sie müssten zurzeit über vierzig Milliarden Lichtjahre von uns entfernt sein. Das ist ganz schön weit.

RADFAHREN MIT FAST 700 METERN PRO SEKUNDE

Wir machen mal wieder ein paar kleine Gedankenexperimente. Stell dir vor, du hast hart trainiert, um besonders schnell Rad fahren zu können. Du überholst echt jeden auf deinem Rad. Du fährst fast doppelt so schnell wie der Schall, also an die siebenhundert Meter pro Sekunde. Du stehst am Start: »Auf die Plätze! Fertig? PENG!« Gleich nach dem Startschuss sprintest du los und schon bald bist du schneller als der Schall. Und was passiert dann? Du holst den Schall wieder ein. Du hörst den Start erneut. Aber die letzten Laute hörst du zuerst, du hörst den Startschuss also jetzt von hinten nach vorn: »!GENP ?Gitref !Eztälp eid fua« Wenn du noch weiter fährst und danach stillstehst, kannst du den Startschuss noch einmal hören, aber dann wieder richtig herum ... Doch, das ist bestimmt so! Kauf dir ein Rennrad, trainiere wie wild und probiere es aus. Du wirst schon sehen, äh, hören, dass es stimmt!

TUT MIR LEID, HERR EINSTEIN

Bei unserem nächsten Gedankenexperiment werden wir Herrn Einstein wieder ziemlich verärgern. Wir machen jetzt das Gleiche wie oben, fahren nun aber mit Lichtgeschwindigkeit. Du trainierst so intensiv, dass du schneller fährst als das Licht. (Sorry, Herr Einstein, wir wissen, dass das nicht geht. Aber es ist für einen guten Zweck.) Du überholst das Licht und siehst, wie die Dinge erst von hinten nach vorn geschehen. Anschließend fährst du eine Runde, bei der du alles weiterhin siehst, wie es falsch herum passiert, und landest schließlich wieder an der Stelle, von der aus du losgefahren bist. Dort siehst du deinen eigenen Start noch einmal! Du kannst dir selbst die Hand schütteln. Du bist in der Zeit gereist ... Wenn du schneller reist als das Licht, gehst du also in der Zeit zurück. Das einzige Problem ist, dass du dich nicht schneller fortbewegen kannst als das Licht. Wenn du versuchst, auf diese Weise in der Zeit zu reisen, geht es garantiert schief.

REISEN IN DER ZEIT

Warum reden wir bloß ständig über ein Zeitreiseexperiment, das sowieso nie durchführbar ist? Weil du zwar nicht schneller reisen kannst als das Licht, aber vielleicht kannst du das Licht schneiden! Dann fährst du nicht schneller, doch du kommst früher an. Das führt zu genau dem gleichen Ergebnis: Du kannst dann auch in der Zeit reisen. Aber wie schneidest du das Licht? Indem du die Krümmung im Raum nutzt. Wenn du zur Keksdose willst – machst du dann einen großen Bogen oder läufst du direkt auf sie zu? Wenn du schlau bist, entscheidest du dich für den direkten Weg, denn der ist am schnellsten.

Wir wissen, dass der Raum in der Nähe von Sternen, Schwarzen Löchern und anderen schweren Gegenständen krumm ist. Daher bewegt sich das Licht auch in einem Bogen fort. Und jetzt kommt es: Wenn du denselben Endpunkt wählst wie das Licht und dann auf einer geraden Linie reist, kannst du früher ankommen!

Eine solche Raumstrecke, die schneller ist als das Licht, heißt **Wurmloch**. Das hört sich seltsam an, ist aber gar nicht mal so ein verrückter Name. Denn es ist wie ein Tunnel, den ein Wurm durch einen Apfel bohrt. Handelt es sich bei diesem Tunnel um eine gerade Linie, ist der Weg von der einen zur anderen Seite des Apfels durch das Wurmloch kürzer, als wenn der Wurm über die Schale außen über den Apfel kriecht. Aber in Wirklichkeit ist ein solches Wurmloch natürlich ein Raumzeittunnel. In Sciencefiction-Serien sind immer alle ganz scharf auf Wurmlöcher, denn sie sind eine der wenigen Möglichkeiten, Zeitreisen tatsächlich durchzuführen. Du musst diese Wurmlöcher bloß irgendwie finden. Und das ist nicht so einfach. Außerdem musst du auch noch unvorstellbar schnell reisen, weil du dem Licht sonst immer noch nicht zuvorkommen kannst. Zumal Wurmlöcher einstürzen können, und wenn das geschieht, gehst du gleich mit drauf. Wurmlöcher existieren wahrscheinlich nur kurz, das heißt, diese Wahrscheinlichkeit ist sehr hoch. Für ein Wurmloch braucht es dann auch noch so viel Masse, dass es scheint, als würdest du durch eine superdicke Betonschicht reisen, was ebenfalls so ziemlich unmöglich ist. Und schließlich ist es sogar noch fraglich, ob es Wurmlöcher wirklich gibt. Aber ansonsten ist es eine ausgezeichnete Idee, Wurmlöcher für Zeitreisen zu nutzen!

AUF EWIG JÜNGER

Reisen in die Zukunft sind auch möglich. Das machen wir sowieso schon, weil wir jede Sekunde eine Sekunde weiter in die Zukunft reisen, aber es geht auch in viel größeren Schritten. Wir wissen mittlerweile, dass die Zeit an Orten mit hoher Schwerkraft langsamer vergeht. So kannst du ein paar Stunden mit einem Raumschiff in der Nähe eines Schwarzen Lochs herumfliegen. Nicht zu nahe dran natürlich, damit dich das Schwarze Loch nicht verschluckt, denn das ist wahrlich kein Spaß. Aber wenn du ein paar Stunden lang so dicht wie möglich an einem Schwarzen Loch entlanggeflogen bist und wieder nach Hause zurückkehrst, wirst du sehen, dass hier inzwischen viele Jahre verstrichen sind. Dann verpasst du natürlich alles, was in der Zwischenzeit auf der Erde passiert ist, denn in die vergangenen Jahre kannst du nicht mehr zurück. Trotzdem ist es natürlich die beste Möglichkeit, jünger auszusehen als alle aus deinem Jahrgang. Das funktioniert besser als jede Schönheitscreme! Jetzt nur noch schnell ein Schwarzes Loch finden, das nicht allzu weit weg ist.

NOCH EINE WARNUNG!

Nur ganz kurz Folgendes: Falls du in der Zeit zurückreist, pass gut auf, dass du es nicht vermasselst. Geh zum Beispiel nicht zu dir selbst von gestern zurück. Denn gestern bist du dir selbst aus der Zukunft nicht begegnet, oder doch? Also muss unterwegs etwas schiefgegangen sein, sonst hättest du dich selbst gestern getroffen und das hättest du bestimmt behalten.

Oder was hältst du hiervon: Du findest in der Zukunft heraus, wie man eine Zeitmaschine baut, reist ins Heute zurück und erklärst dir selbst, wie du diese Zeitmaschine konstruieren musst. Welches Du hat die Zeitmaschine dann erfunden?

Oder, auch nett: Dein Du aus der Zukunft erwürgt dein Du von heute. Mausetot. Nur ... dann gibt es auch kein Du mehr aus der Zukunft, das dein heutiges Du erwürgen könnte. Wie kann das sein?

Oder wie gefällt dir das: Du gehst zu deinem Du von vor einer Sekunde und dann gibt es plötzlich zwei Du. Woher sind denn auf einmal all die Moleküle für dieses zweite Du gekommen?

Übrigens – wohin gehst du, wenn du in die Vergangenheit reist? Denn an dem Ort, an dem sich die Erde jetzt befindet, wird sie in Zukunft ganz sicher nicht mehr sein, weil das Universum immer weiter wächst und das gesamte Milchstraßensystem sich bewegt. Wie legst du dann fest, wo du rauskommen musst?

Fragen über Fragen. Aber eins wissen wir jetzt wirklich sicher: In der Zeit zu reisen bringt sowieso nur Probleme. Allein schon, wenn man bloß darüber nachdenkt ...

— TEIL 4 —

GENIALE VERRÜCKTE, ABSURDE EXPERIMENTE UND ABSONDERLICHE ENTDECKUNGEN

KLUGE KÖPFE
CAROLINE HERSCHEL
CLAUDIUS PTOLEMÄUS
ALBERT EINSTEIN
SIVARAMAKRISHNA CHANDRASEKHAR
JAN PAUL
ALHAZEN
DARF ICH JETZT?
MAYAS
NICHT VON UNTEN!
EATRICE TINSLEY

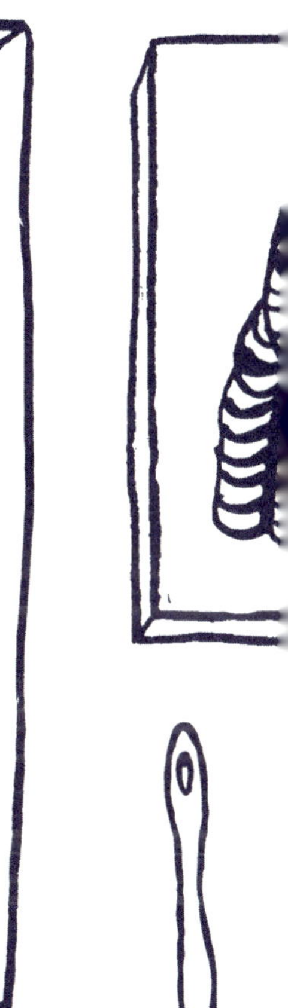

TEIL 4

Dank Albert Einstein sind wir auf unserer Entdeckungsreise durch das Weltall wieder ein Stück weitergekommen. Aber leider ist Einstein 1955 gestorben, also kann er uns nicht mehr weiterhelfen. Zum Glück war er nicht der einzige geniale Gelehrte. Es wimmelt nur so von brillanten Menschen, die nichts lieber wollen, als herauszufinden, wie unser Weltall entstanden ist. In den vergangenen Jahren haben sie zahllose spektakuläre Studien und Experimente durchgeführt und so wieder ein paar Teile des Mysteriums geklärt.

Du dachtest, unser Weltraum sei irgendwie seltsam? Da hast du recht. Aber in Wirklichkeit sieht alles noch viel seltsamer aus, als wir je gedacht hätten ...

1 + 1 = 3

Bislang habe ich ja alles einigermaßen erklären können - auch wenn es hier und da noch ein paar große Fragezeichen gibt, wie bei der Dunklen Materie und der Dunklen Energie. Aber alles, was du bislang gelesen hast, können wir sehen, berechnen oder durch logisches Denken herausfinden. Am liebsten alles zusammen. Damit ist jetzt Schluss. Wir werden über **Quantenmechanik** reden. Das ist der Teil der Physik, der sich mit der Frage beschäftigt, wie sich die kleinsten Teilchen verhalten.

Für die Quantenmechanik gilt: Wenn du sie kapierst, hast du sie nicht verstanden. Im kommenden Kapitel steckt kein bisschen Logik. Ich kann es nicht erklären. Und ich bin nicht der Einzige, das kann kaum einer. In der Quantenmechanik scheint 1 + 1 manchmal 3 zu sein. Sogar Einstein glaubte, davon könne nichts stimmen. Aber hier irrte Einstein ausnahmsweise. Es stimmt absolut alles – bloß haben wir keinen blassen Schimmer davon, wie es funktioniert und warum. Also mach dich auf etwas gefasst!

DIESE TEILCHEN SIND WIE PUBERTIERENDE!

In einer Batterie steckt sehr viel Energie, aber wenn du *ein* Teilchen Energie hast, dann ist das ein **Quantum** an Energie. In einem Lichtstrahl befinden sich viele Photonen, doch ein Quantum an Licht ist ein einziges Photon. Ein Quantum ist also ein einziges Teilchen. In der Mechanik hat alles mit Bewegung zu tun oder damit, wie sich die Dinge verhalten.

Quantenmechanik dreht sich also um das Verhalten der kleinsten Teilchen. Und das ist kein Pappenstiel. Diese Teilchen sind wie Pubertierende, nur noch viel schlimmer. Lass uns mit einigen von der schlimmsten Sorte anfangen, den Lichtteilchen oder Photonen. Wenn du ganz scharf aufgepasst hast, hast du gemerkt, dass bis jetzt hier im Buch etwas nicht stimmt. (Und wenn du das bemerkt hast, darfst du aus meiner Sicht gleich zur Universität. Ich lege dann in der Schule ein gutes Wort für dich ein.)

SCHALL FESTHALTEN UND LICHT IN EINEM KARTON AUFBEWAHREN

Ein **Photon** ist ein Lichtteilchen. Aber im Kapitel über das Licht sprachen wir über Photonen als Wellen. Über Radiowellen zum Beispiel oder Mikrowellen. Und Wellen sind natürlich keine Teilchen. Eine Welle ist eine Schwingung mit Höhen und Tiefen. Wie Schall. Das kannst du spüren, wenn du deine Hand auf den Lautsprecher einer Stereoanlage legst, die sehr laut gestellt ist. Vor allem die Schwingungen der tiefen Bässe spürst du dann gut. Aber festhalten kannst du sie nicht, denn es sind Schallwellen. Und die kannst du nicht in einen Karton stecken und aufbewahren. Mit Teilchen kann man das schon. Ein Stein ist ganz klar ein kleines Teil. Einen Stein kannst du sehr wohl festhalten und in einen Karton legen. Und wenn du ihn aus Versehen wegwirfst, fliegt er in direkter Linie ins Fenster deines Nachbarn und nicht als schwingende Welle.

Es gibt Dinge, die kannst du in einen Karton stecken, und Dinge, die du nicht in einen Karton stecken kannst: Es gibt Teilchen und Wellen. Die Frage ist also: Ist ein Photon nun ein Teilchen oder eine Welle? Du kannst Licht in einen Karton scheinen lassen. Dann sind Photonen im Karton! Es sind also Teilchen. Oder nicht? Denn wenn dein Licht in einen Karton scheint, kannst du dieses Licht nicht wie einen Stein oder einen Milchzahn aufbewahren. Außerdem: Wenn du Teilchen wie Steine, Tischtennisbälle oder Sandkörner aufeinander abfeuerst, stoßen sie zusammen oder prallen voneinander ab. Lichtstrahlen gehen mitten durch andere Lichtstrahlen hindurch, genau wie Wellen. Sind Photonen also doch Wellen? Ja und Nein. Licht kann sich wie eine Welle *und* wie ein Teilchen verhalten. Und das auch noch im selben Moment.

Ich hab's doch gesagt: Quantenteilchen sind übel! Aber das Schlimmste kommt noch ...

1 AUTO, DAS GLEICHZEITIG DURCH 2 TUNNEL FÄHRT

Das Weltall war demnach einst so klein wie ein Quantenteilchen. Wenn du weißt, wie sich diese Dinger verhalten, weißt du also auch, wie sich unser Weltall verhielt, als es noch so unvorstellbar klein war. Lass uns daher noch einmal etwas tiefer in die Welt der Miniteilchen eintauchen – am besten gleich mit einem der berühmtesten Experimente aus der Quantenmechanik.

Hier siehst du, wie sich die Teilchen im Wasser verhalten. Baby Bess macht Wellen und die Wellen verbreiten sich durch das kleine Loch. Sie bilden schöne kleine Bogen. Ob sich Photonen vielleicht auch so verhalten oder doch ganz anders?

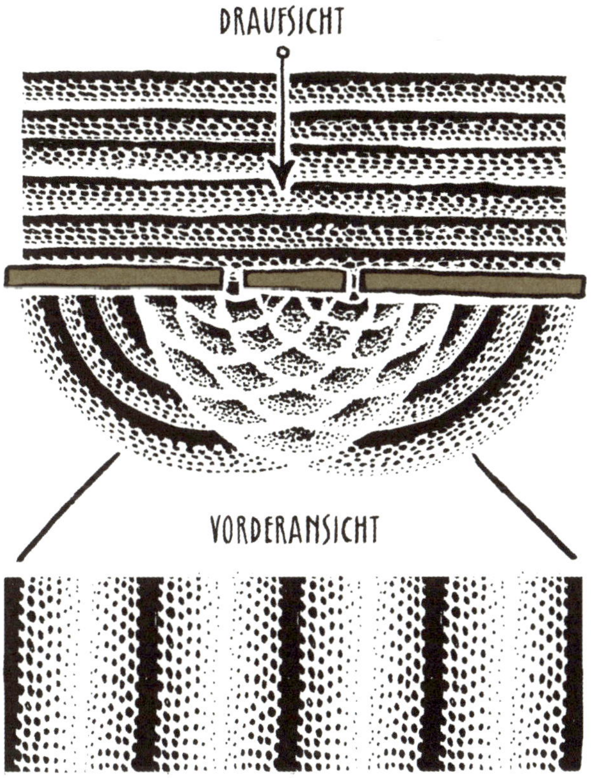

Wenn du zwei Löcher hast, bekommst du zwei Stellen, von denen aus sich die Wellen in den anderen Teil der Badewanne bewegen. Und was passiert dann? Die beiden Wellenbewegungen bekommen es miteinander zu tun. In der Folge werden die Wellenberge in der Badewanne genau an der der Stelle höher, wo Wellenberg auf Wellenberg trifft. Und die aufeinandertreffenden Wellentäler werden tiefer. Dort, wo im Wellenmodell des Lichts, das seinen Wellencharakter beschreibt, ein besonders hoher Wellenberg beziehungsweise ein besonders tiefes Wellental ist, ist die Wahrscheinlichkeit hoch, ein Lichtteilchen zu finden. Wo Wellenberg auf Wellental trifft, ist es dunkel.

GEGEN SICH SELBST PRALLEN

Bis dahin ist noch alles in Ordnung, auch wenn die Wissenschaftler, die dieses Experiment zum ersten Mal durchführten, noch immer nicht zufrieden waren. Deswegen wiederholten sie das Experiment mit den beiden Löchern noch einmal, jetzt etwas anders. Diesmal ließen sie nur ein Photon auf einmal durch. Ein Photon konnte demnach nur durch ein Loch zugleich. Und so konnte es auf kein anderes Photon prallen. Außerdem musste es sich jetzt entscheiden, durch welches Loch es ging. Aber was passierte?

Die Photonen benahmen sich doch wieder wie Wellen! Und zwar genauso wie die Wellen, die es miteinander zu tun bekommen hatten und doppelt so hoch und tief wurden. Als würden sie zusammenprallen. Aber das konnte ja nicht sein, es war ja immer nur ein Photon zur gleichen Zeit unterwegs.

SELTSAMKEITSSTUFE »MÄSSIG«

Wie konnte sich dieses Teilchen dann so verhalten wie eine Welle? Wogegen war es gestoßen? Ein Photon konnte doch unmöglich durch zwei Löcher zur gleichen Zeit gehen. Oder doch? Es sah fast so aus.

Denn sooft sie das Experiment auch wiederholten, sie bekamen immer wieder den Effekt aufeinandertreffender Wellen. Als würde ein Auto gleichzeitig durch zwei Tunnel fahren und im Anschluss auf sich selbst prallen.

Das alles ist ziemlich seltsam, aber das ist gar nichts, verglichen mit dem, was noch kommt. Das war bislang erst Seltsamkeitsstufe »niedrig«. Denn du kannst dasselbe Experiment auch mit Elektronen und sogar mit Atomen machen. Und was passiert dann? Genau das Gleiche! Aber Elektronen sind Teilchen! Und Atome erst recht! Und doch verhalten auch sie sich manchmal wie Wellen. Mehr noch: Dieser Effekt tritt sogar bei manchen Molekülen auf. Wir haben mittlerweile Seltsamkeitsstufe »mäßig« erreicht.

KONTAKT ÜBER 100 LICHTJAHRE ENTFERNUNG

Und dann gibt es noch ein ganz anderes Experiment. Das hat mit der »Verschränkung« zu tun. Du kannst zwei Teilchen miteinander verschränken. So hängen sie auf gespenstische Weise aneinander fest und reagieren fortan aufeinander - auch wenn du sie auseinandergeholt hast. Aber sie drehen sich exakt spiegelverkehrt. Dreht man das eine Teilchen nach links, dreht sich das andere nach rechts. Dreht man das eine Teilchen nach oben, dreht sich das andere nach unten. Es gibt nur eine merkwürdige Sache dabei. Licht kann sich einmal wie eine Welle und ein anderes Mal wie ein Teilchen (Photon) verhalten. Verblüffend ist auch, dass sich bei Teilchen erst während der Messung festlegt, in welche Richtung sich die Teilchen drehen. (Ja, das ist merkwürdig, ich weiß ...) Sobald du das messen willst, dreht das Teilchen ordentlich in eine Richtung, als wäre nichts. (Ja, das ist auch seltsam, ich weiß ...) Dann sieht du also zum Beispiel, dass es linksherum dreht. Und sobald du das tust, dreht sich das andere Teilchen exakt im selben Moment in die umgekehrte Richtung.

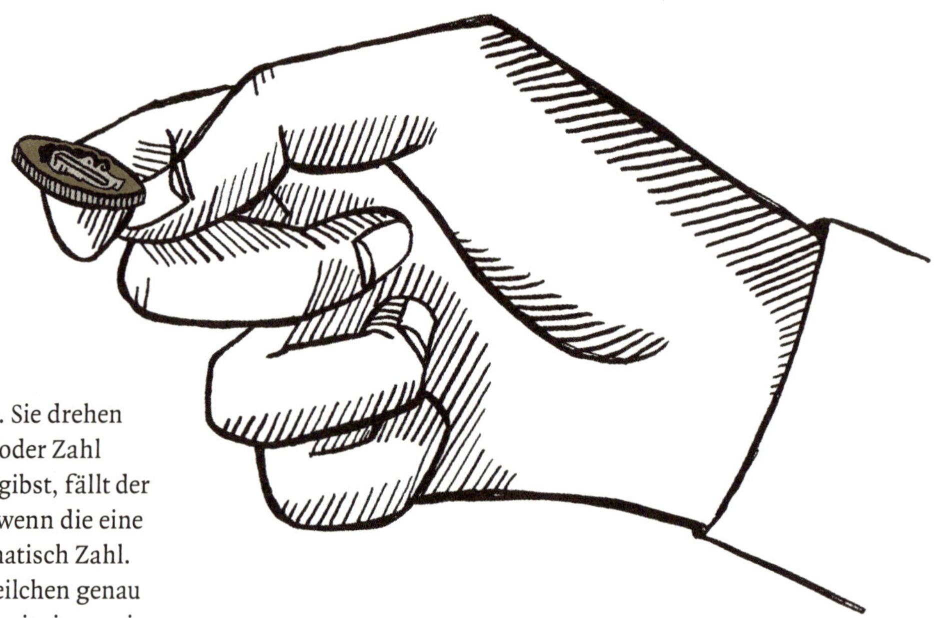

Vergleiche es mit zwei 1-Euro-Münzen. Sie drehen sich beide und können im Fallen Kopf oder Zahl werden. Sobald du einer einen Schubs gibst, fällt der andere Euro gleichzeitig mit um. Und wenn die eine Münze Kopf ist, wird die andere automatisch Zahl. Jetzt kommt es: Das passiert bei den Teilchen genau gleichzeitig und es ist völlig egal, wie weit sie voneinander entfernt sind. Hundert Meter, hundert Kilometer, hundert Lichtjahre. (Ja, das ist wirklich vollkommen irre, ich weiß ...)

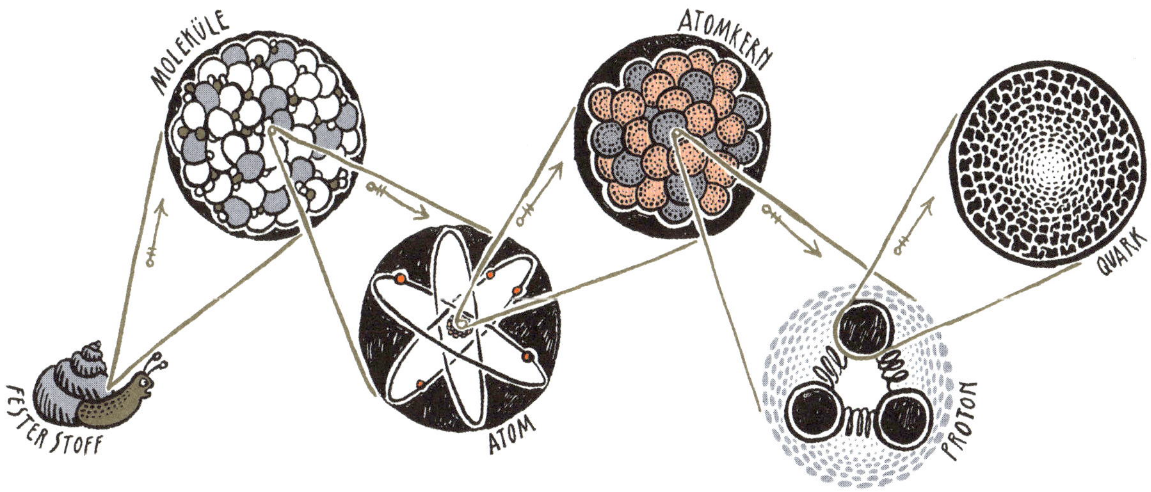

SCHNELLER ALS DAS LICHT!

Also angenommen, das eine Teilchen ist in Amsterdam und das andere befindet sich auf dem Mond oder sogar in einer anderen Galaxie: Wenn du misst, dass das eine Teilchen linksherum dreht, fängt das andere im genau gleichen Moment an, sich rechtsherum zu drehen. Das eine Teilchen scheint also genau zu wissen, wie sich das andere bewegt – auch wenn es extrem weit von dem anderen Teilchen entfernt ist. Haben die Teilchen heimlich Kontakt? Schicken sie sich gegenseitig Informationen? Könnte sein, aber das würde dann mit einer so unvorstellbar hohen Geschwindigkeit passieren, dass sogar die Lichtgeschwindigkeit vor Neid erblassen würde. Und nichts kann schneller sein als das Licht! Wir haben mittlerweile übrigens die Seltsamkeitsstufe »hoch« erreicht. (Du fragst dich vielleicht, wie man ein solches Experiment in einer anderen Galaxie durchführen könnte: Das geht nicht. Aber mithilfe von Berechnungen hat man entdeckt, dass es genau so funktionieren müsste. Und alle Experimente auf der Erde zeigen, dass es tatsächlich so funktioniert.)

SELTSAM IST ERST SONDERBAR, WENN ES NORMAL IST

So gibt es noch mehr verrückte Dinge in der Quantenmechanik. Es gibt sogar Experimente mit noch viel höheren Seltsamkeitsstufen. Bis zur Seltsamkeitsstufe »totalkomplettabsonderlichgagabekloppt«. Nur sind sich nicht alle Physiker einig über die Frage, ob all diese Experimente auch richtig durchgeführt worden sind und ob die Schlussfolgerungen wirklich stimmen. Aber wenn sie stimmen, dann ist die Welt der kleinsten Teilchen noch viel verrückter, als wir jetzt ohnehin schon denken. Es macht sowieso nicht so viel aus, ob das nun so ist oder nicht, denn es ist schon klar, dass sich die kleinsten Teilchen höchst sonderbar benehmen. Na ja, das heißt: Verglichen mit dem, was wir so täglich um uns herum sehen, benehmen sich die Teilchen höchst sonderbar. Trotzdem ist dieses Verhalten in der Quantenmechanik gerade vollkommen normal. Es wäre erst verrückt, wenn sich die Teilchen anders verhielten, also wenn ein Photon nicht gleichzeitig Welle und Teilchen wäre …

In ein paar Jahren werden wir ungeheuer viele Vorteile haben dank dieser ~~verrückten~~ vollkommen normalen Quanteneigenschaften der Teilchen. Dann können wir nämlich Berechnungen mit Quantencomputern anstellen und die sind viel schneller und stärker als die heutigen Computer.

Vor hundert Jahren stellte Einstein Berechnungen an, um herauszufinden, wie die Welt konstruiert ist. So sagte er das Verhalten der kleinsten Teilchen, wie Elektronen und Atome, voraus. Jemand, der sich nicht dafür interessiert, könnte über seine Entdeckungen sagen: »Na und? Was haben wir davon?« Ein Jahrhundert später können wir dank Einsteins Entdeckungen Quantencomputer herstellen, die unser Leben enorm verbessern werden. Man weiß nie im Vorhinein, was eine wissenschaftliche Entdeckung so alles bringt. Das ist das Schöne an der Wissenschaft.

EIN 27 KILOMETER LANGES LABOR

Unsere Welt ist also viel seltsamer, als du erwarten würdest. In der Quantenwelt können Teilchen auch eine Welle sein. Und sie können durch zwei Löchlein gleichzeitig. Erinnerst du dich noch, dass Elektronen und Quarks extrem klein sind? Wie kann etwas, das so klein ist, dann doch Masse haben? Und wie kann es sein, dass ein Elektron so unvorstellbar klein ist, aber trotzdem nicht überall durchpasst? Oder nimm die Energie: Energie kann zu Masse werden und umgekehrt. Und dann reden wir nicht einmal über Dunkle Energie. Wie kann unser Weltall nun zu 70 Prozent mit Dunkler Energie gefüllt sein? Dass es voller Teilchen und Atome und Moleküle ist, können wir uns ja noch vorstellen. Aber voller Energie?

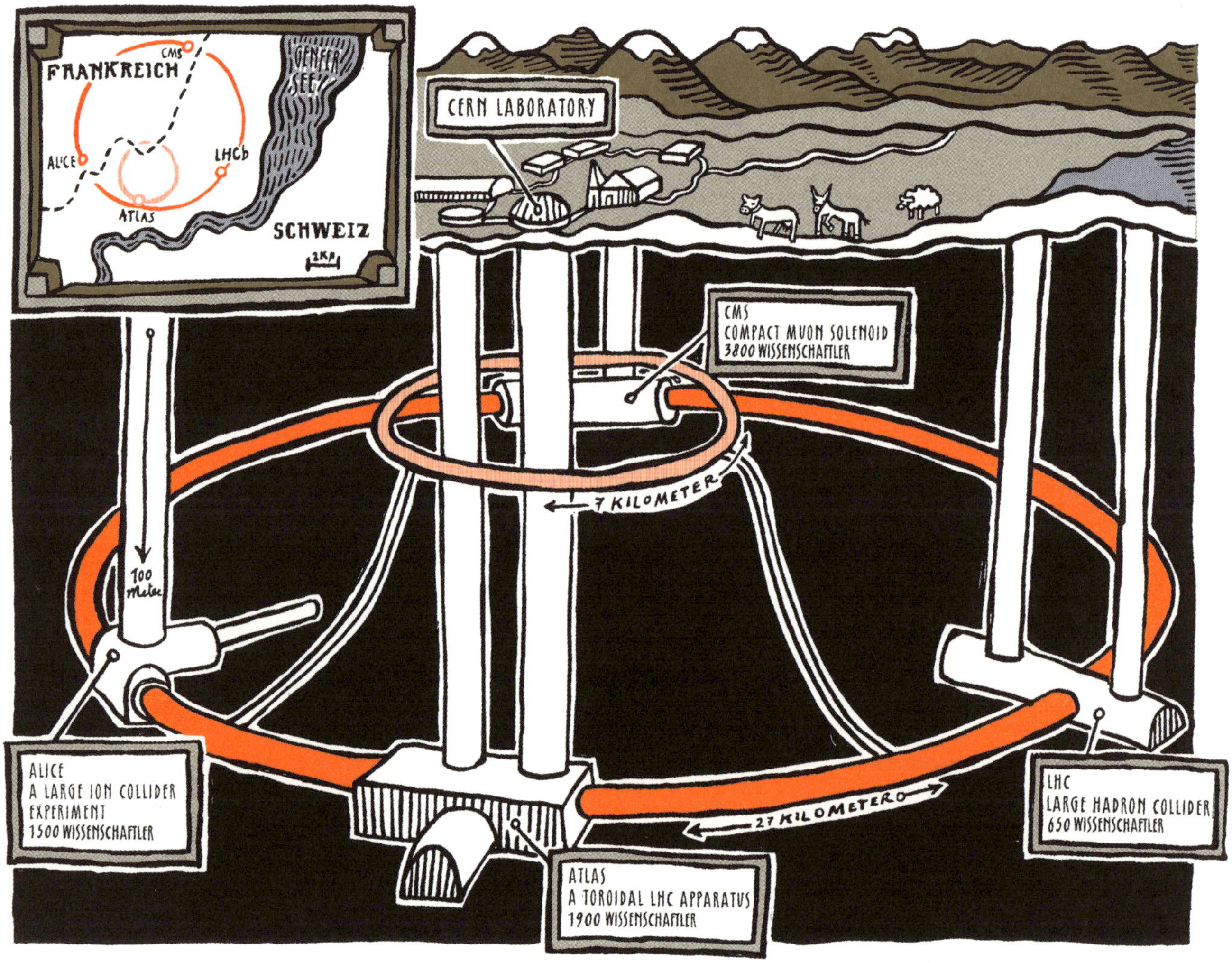

Vielleicht müssen wir uns das noch einmal gut anschauen, um herauszufinden, wie es nun wirklich ist und woraus das alles wirklich besteht. Denn mit diesem Häufchen Elend, bei dem wir jetzt gelandet sind, kommen wir nicht klar. Vielleicht ist ja etwas zu finden, was all diese Dinge etwas verständlicher macht. Doch dazu brauchen wir die Hilfe von Genies.

ZWEI ARTEN VON GENIES

Wenn du entdecken willst, wie die Welt konstruiert ist, brauchst du zwei Arten von Genies. Auf der einen Seite Genies, die überlegen, begründen und berechnen, wie alles aussehen müsste. Und auf der anderen Seite geniale Menschen, die überprüfen und nachschauen, ob ihre genialen Kollegen auch wirklich recht haben. Eigentlich funktioniert das wie bei der Polizei. Man braucht einen Ermittler, der sich überlegt, dass der Butler auch einmal der Mörder sein könnte. Im Anschluss untersucht das Labor, ob die Theorie des Ermittlers stimmt, beispielsweise, indem die Kriminaltechniker überprüfen, ob sich auf dem Taschenmesser des Butlers auch Blutspuren des Opfers befinden.

So gibt es in der Wissenschaft Leute, die mithilfe eines Notizblocks und eines Computers überlegen, wie die Welt wohl konstruiert sein müsste. Und es gibt Labore, in denen ihre Ideen getestet werden. In der Schweiz steht so ein Labor, in dem untersucht wird, wie die kleinsten Teilchen der Welt aussehen. Es heißt CERN, das steht für *Conseil Européen pour la Recherche Nucléaire* (Europäischer Rat für Kernforschung). Bei dieser Untersuchung werden keine Verbrechen ermittelt, sondern das Verhalten kleiner Teilchen in Atomkernen. Für die Teilchen gilt dasselbe wie für manche Kriminelle: Man muss sich sehr anstrengen, sie aufzuspüren.

DAS GRÖSSTE LABOR FÜR DIE KLEINSTEN TEILCHEN

Witzigerweise braucht man zur Erforschung der kleinsten Teilchen ein sehr großes Labor. Sogar größer als eine Stadt! Das CERN verfügt über einen riesigen Teilchenbeschleuniger. Das ist ein 27 Kilometer langer kreisrunder Tunnel, in dem die Forscher allerlei Quantenteilchen mit gewaltigen Geschwindigkeiten aufeinanderprallen lassen. Bei einem schweren Zusammenstoß zweier Autos sieht man, wie allerlei Einzelteile durch die Luft fliegen. So ist das auch bei den kleinsten Teilchen. Die Forscher versuchen, die kleinsten Teilchen so fest zusammenprallen zu lassen, dass auch sie auseinanderfliegen. Dadurch kann man sehen, ob sie aus noch kleineren Teilchen bestehen.

Im CERN werden Protonen zum Beispiel auf eine so hohe Geschwindigkeit beschleunigt, dass sie 11 000 Runden pro Sekunde durch den gesamten Tunnel drehen. Das sind dann 11 000 Mal 27 Kilometer pro Sekunde! Zugleich bewegen sich Teilchen mit derselben Geschwindigkeit in die entgegengesetzte Richtung, sodass die Teilchen dann aufeinanderprallen. Anschließend messen die Forscher den Zusammenprall und machen Fotos davon, damit sie die kleinen Teilchen aus einem Proton studieren können.

Das klingt sehr spektakulär. Aber bringt das auch was?

DIE 7 WICHTIGSTEN WÖRTER IN DIESEM BUCH

Dank der Experimente im CERN-Labor in der Schweiz haben wir jetzt ein ziemlich vollständiges Bild von all den Teilchen. Es sind viel mehr, als wir bislang in diesem Buch kennengelernt haben. So gibt es allein schon drei verschiedene Sorten von Elektronen – neben den normalen Elektronen sind das zum Beispiel das Tauon und das Myon. Die verhalten sich genau wie ein Elektron, aber sie haben viel mehr Masse. Außerdem gibt es insgesamt sechs Sorten Quarks und noch viel mehr andere Teilchen.

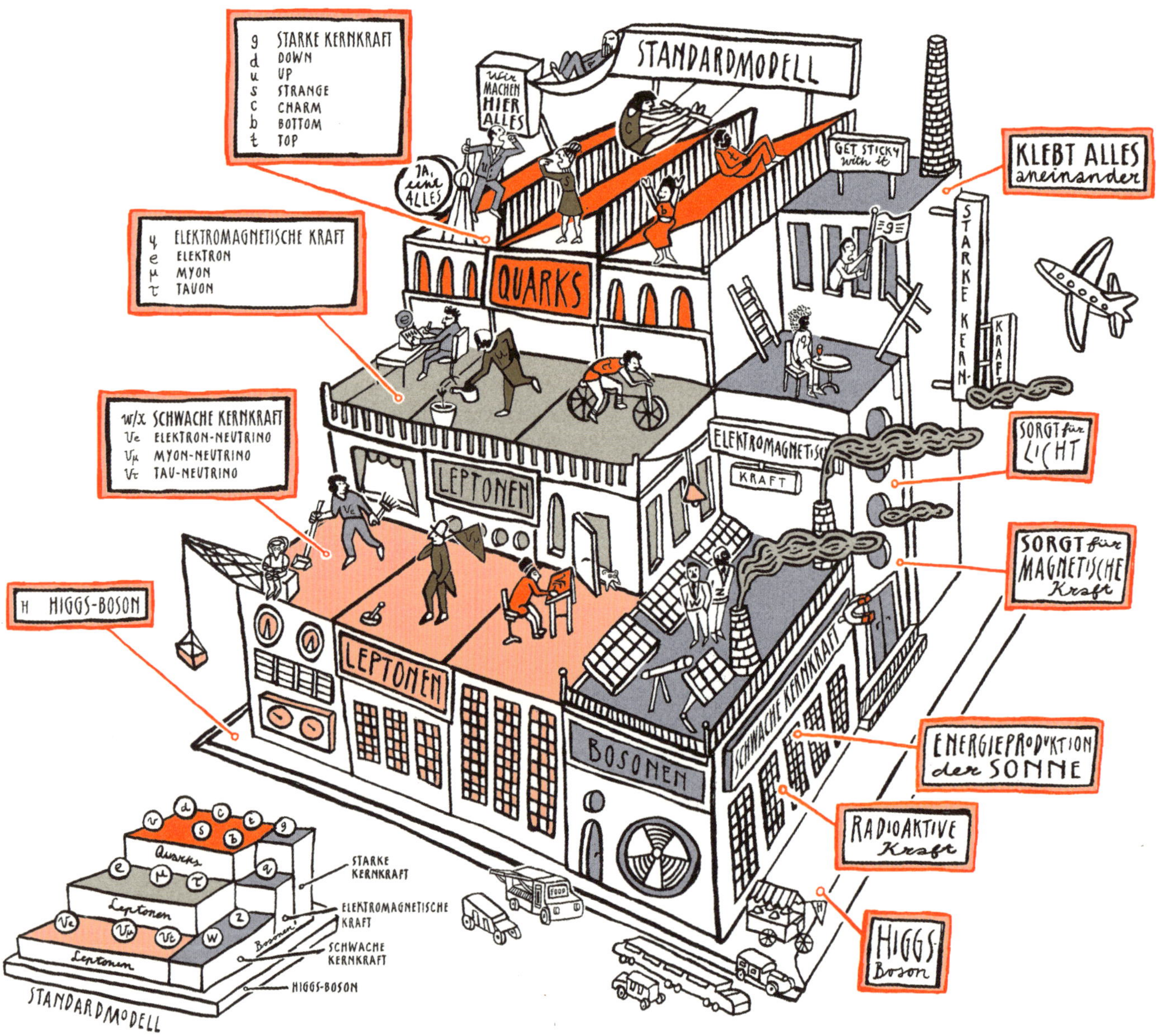

Irgendetwas stimmte jedoch nicht mit diesen Teilchen. Untersuchte man ihre Masse, wogen sie alle zu wenig. Sie hätten eigentlich viel schwerer sein müssen! Deshalb vermuteten die Wissenschaftler, dass es noch ein Teilchen geben müsste. Ein Teilchen, das für die zusätzliche Masse zuständig sein musste. Schon seit Jahrzehnten gab es eine Theorie von der Existenz eines solchen Teilchens, aber erst vor wenigen Jahren wurde dieses Teilchen entdeckt: Es ist das **Higgs-Teilchen**. Oder, wie es offiziell heißt, das **Higgs-Boson**.

DIE UNSICHTBARE KRAFT, DIE ALLES SCHWER MACHT

Man könnte meinen, dieses Higgs-Teilchen müsse dann sehr schwer sein, aber das stimmt nicht. Es ist vielmehr ein Teilchen, das die anderen Teilchen sehr schwer macht. Du könntest es mit einem kleinen Kind vergleichen, das unbedingt ein Eis will. Die Eltern sind nicht superschwer und das Kind selbst auch nicht. Aber da das Kind so wahnsinnig aufstampft und schreit, weil es ein Eis will, müssen sich die Eltern sehr anstrengen, um es vom Eiswagen wegzuzerren. Wenn du bedenkst, dass man Masse auch beschreiben kann als die Menge der Anstrengung, die man aufwenden muss, um etwas in Bewegung zu versetzen, leuchtet dir der Vergleich bestimmt noch besser ein. Die Protonen und Elektronen sind nicht schwer, doch die Higgs-Bosonen machen sie schwer. Lichtteilchen sind eilige Reisende. Die machen sich überhaupt nichts aus den Higgs-Teilchen, weswegen Photonen vollkommen gewichtslos sind.

Das Kind hängt sich nicht an seine Eltern, um sie schwer zu machen. Es zerrt auch nicht an ihnen und berührt sie nicht mal. Täte es das, dann könnten die Eltern das Kind einfach hochheben und schnell weitergehen. Auch das Higgs-Teilchen berührt die anderen Teilchen nicht. Wie bei einem Magneten bildet das Higgs-Teilchen eine unsichtbare Kraft, die den anderen Teilchen zusätzliche Masse verleiht. Den Raum, in dem eine solche unsichtbare Kraft Einfluss hat, nennen wir ein **Feld**. So ist das magnetische Feld der Bereich, in dem ein Magnet noch Einfluss auf ein Stückchen Eisen besitzt und es anzieht. Und das **Higgs-Feld** ist der Bereich, in dem das Higgs-Boson Einfluss hat auf die Teilchen.

WORAUS DU WIRKLICH BESTEHST

Aber jetzt kommt es. Jetzt kommt eine der wichtigsten Mitteilungen in diesem ganzen Buch. Das Stückchen Information, das plötzlich alles erheblich klarer macht. Das zum Beispiel erklärt, warum Energie auch Masse sein kann. Oder warum etwas unendlich Kleines doch Masse haben kann. Es erläutert, woraus alles gemacht ist, was wir im Weltraum sehen können. Hol mal tief Luft, hier kommen die vielleicht wichtigsten sieben Wörter in diesem Buch. Einatmen, ausatmen ... da sind sie:

ALLES IN UNSEREM WELTALL BESTEHT AUS FELDERN

Es gibt keine festen Teilchen. Teilchen, die du festhalten kannst, deren Größe du messen, deren Form du anschauen oder deren Farbe du bestimmen kannst – sie existieren nicht. Zumindest nicht in der Welt der Atome, Quarks und des anderen winzigen Zeugs. Alles besteht aus Feldern. Alles besteht aus unsichtbaren Kräften, die aufeinander einwirken, sich gegenseitig beeinflussen und überall im Raum miteinander verbunden sind. Und weil die kleinsten Einheiten Quanten heißen, nennen wir diese Felder **Quantenfelder**. All diese Felder haben wieder gesonderte Eigenschaften und so bilden sie die Welt um uns herum. Du könntest das ganze Weltall als riesigen Ozean betrachten. Der Raum-Ozean ist nur nicht mit Wassertropfen und Seetang und Makrelen gefüllt, sondern mit Quantenfeldern.

Höchst merkwürdig, oder? Letzten Endes bestehst du nicht aus Teilchen, sondern aus unsichtbaren Masse-Energiefeldern, die so miteinander verbunden sind, dass du dabei herausgekommen bist. Schau dich mal um! Alles, was du siehst, besteht aus Feldern.

Hättest du das gedacht? Kannst du dir das vorstellen? Es gibt also Felder, die sich wie Energie verhalten, und Felder, die sich wie Teilchen verhalten. Darum nennen wir Energie jetzt noch ein Weilchen Energie und Teilchen Teilchen, auch wenn wir wissen, dass es eigentlich alles Felder sind.

Jetzt bloß noch schnell das restliche Geheimnis aufklären.

2 FRAGEN, DIE DU NICHT HATTEST UND AUF DIE DU NIE EINE ANTWORT WOLLTEST

Die Welt ist wieder etwas logischer geworden, seit alles aus winzigen Energiefeldern zu bestehen scheint. Plötzlich ist es nicht mehr seltsam, dass ein Elektron nicht überall durchpasst. Denn ein Feld ist nicht unendlich klein. Du verstehst jetzt auch, dass Masse zu Energie werden kann: Beides sind Felder, nur verhalten sie sich unterschiedlich. Und dass Teilchen sich wie Wellen verhalten, ist jetzt auch verständlicher. Quantenmechanik ist etwas weniger verrückt, als wir dachten, auch wenn in der Welt der Quanten schon noch sehr seltsame Sachen passieren, die wir nicht verstehen. Wir haben mittlerweile also etliche Geheimnisse aufgeklärt. Aber am Ziel sind wir noch lange nicht.

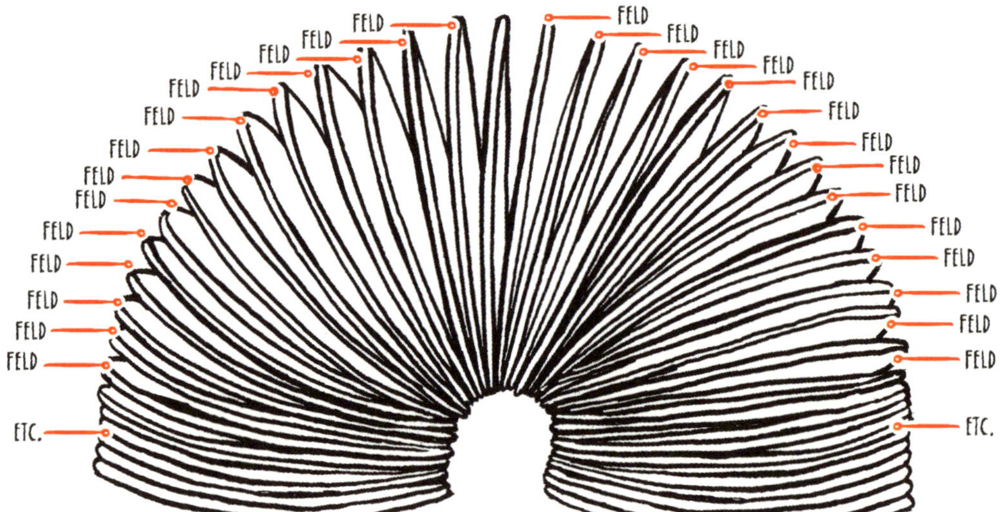

DIE FORM DES WELTALLS

So gibt es noch ein paar Rätsel, die damit zu tun haben, aber noch nicht dran gewesen sind. Die Form des Weltalls ist ein solches Problem. Darüber hatten wir schon gesprochen, doch noch nicht über alles. Denk mal über Folgendes nach: Wenn du gerade nach oben schaust und weiter und immer weiter in den Weltraum hinein, schaust du in der Zeit zurück. Und stell dir vor, das Weltall wäre so klar wie Glas gewesen, dann hätten wir unglaublich weit zurückschauen können, bis zum Urknall. Aber wenn du in die andere Richtung schaust, würdest du genau das Gleiche sehen. Egal, wohin du gucken würdest – immer würdest du beim Urknall landen. Dafür braucht es eine sehr merkwürdige Form, die wir uns nicht vorstellen können. Das Weltall war damals schon überall und ist es jetzt noch immer. Darum ist die Richtung egal – du schaust immer in Richtung Urknall.

Außerdem stellt sich die Frage, wie diese Form konstruiert ist. Unser Weltall könnte gekrümmt sein, genau wie die Erde. Würdest du auf unserer Erdkugel immer nur geradeaus reisen, kämst du am genau gleichen Punkt wieder an. Das könnte in unserem Weltall genauso sein – wenn du nur lange genug unterwegs wärst, würdest du wieder am selben Punkt landen und könntest deine Freunde ganz schön erschrecken, weil du plötzlich hinter ihnen auftauchen würdest! Und wenn jemand in einem Meter Entfernung mit dir reisen würde, würdest du diese Person wegen der Krümmung eine sehr lange Zeit nicht mehr sehen, aber später würdest du ihr doch wieder begegnen.

SCHNURGERADE

Unser Weltall könnte auch umgekehrt gekrümmt sein, wie der Trichter einer Tuba. Dann biegst du immer weiter ab, je weiter du reist, und kommst nie mehr am Ausgangspunkt an. Und ein Mitreisender mit einem Meter seitlichem Abstand entfernt sich dann auch immer weiter von dir. Kerzengerade könnte unser Weltall aber auch sein. Wer dann in einem Meter Entfernung mit dir unterwegs ist, bleibt auf einem Meter Abstand. Physiker nennen das ein »flaches« Weltall. Aber Physiker sollten sich eigentlich keine Namen mehr ausdenken dürfen. Denn wie kann etwas, das vierdimensional ist, nun flach sein?

Das Witzige ist, dass du mit dem Babyfoto des Weltalls und ein wenig Mathematik, die du auf der weiterführenden Schule lernst, genau berechnen kannst, wie das Weltall aussieht.

Und was stellt sich heraus? Das Weltall ist flach. Na ja, nicht wirklich flach, aber es hat die Form, die Physiker als »flach« bezeichnet haben. Das Weltall ist nicht gekrümmt. Du hast keine Ahnung, wie besonders das ist! Zeichne mal eine vollkommen gerade Linie von einem Meter Länge. Und stell dir vor, du würdest diese Linie verlängern. Du machst sie so lang, dass sie an den entferntesten Galaxien vorbeikommt. Egal, wie gerade du diese Linie auch zeichnen würdest – sogar mit einem vollkommen geraden Lineal: Wenn es auch nur die geringste Abweichung gäbe, würde diese auf eine so lange Entfernung enorm groß. Deine Linie würde letzten Endes total krumm.

Unser Weltall begann einst unvorstellbar klein. Das bedeutet, dass es schon von Anfang an absolut gerade gewesen sein muss. Sonst hätten wir ein krummes Weltall bekommen. Das ist vielleicht schwer vorstellbar – vergleiche es daher einmal mit einer Bowlingkugel, die du mit sehr wenig Schwung wirfst. Wenn du diese Kugel nicht extrem gerade wirfst, wird sie sehr bald schon neben der Bahn landen. Unser Weltall ist wie eine Bowlingkugel, die sich unheimlich langsam bewegt und über die gesamte Länge des Weltalls dennoch schnurgerade bleibt. Na, da musst du wirklich sehr genau werfen! Oder vielleicht doch heimlich ganz fest?

WARUM IST ES IN JEDEM WINKEL DES WELTALLS GLEICH WARM?

Und dann gibt es noch ein weiteres Problem. Wenn du dir das Babyfoto des Weltalls anschaust, dann siehst du, dass die Strahlung überall nur ein paar Millionstel abweicht. Stell dir vor, du hättest ein Feuer im Kamin, das du auf die Größe des Weltalls erweitern würdest. Dann müsstest du riesige Temperaturunterschiede bekommen. Das würde auch bei einer sehr kleinen Flamme passieren und sogar schon beim winzigsten Funken. Dennoch ist die Strahlung im Weltall überall ungefähr gleich. Verdächtig gleich. Als wäre alles irgendwann einmal miteinander verbunden gewesen. Das kann jedoch nicht sein, weil alles so weit voneinander entfernt ist.

Ich gebe zu, dass dies keine spektakulären Rätsel sind. Ich dachte selbst auch hin und wieder »na und?«, als ich zum ersten Mal etwas darüber las. Doch den Sternforschern lag die Sache ganz schön im Magen. Für einen Wissenschaftler muss nun mal alles stimmen. Aber wichtiger noch: Die Antwort auf die beiden Fragen aus diesem Kapitel verrät uns viel über den Beginn des Weltalls.

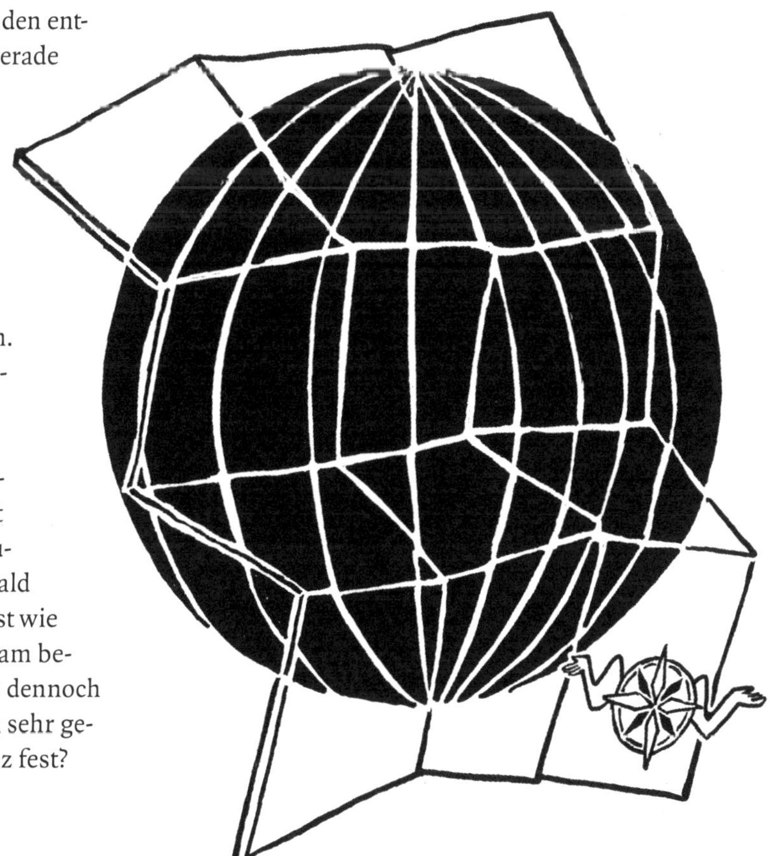

EIN 100 000 000 000 000-MARK-SCHEIN

Als ich etwa zehn Jahre alt war, kostete eine Tüte Pommes einen Gulden. Das ist weniger als ein halber Euro. Süßigkeiten gab es schon für wenige Cent. Als mein Großvater zehn war, konnte man für ein paar Cent ein ganzes Brot kaufen. Geld wird langsam, aber sicher immer weniger wert. Das nennt man Inflation. Manchmal geht die Inflation sogar superschnell. Kurz nach dem Ersten Weltkrieg musste die deutsche Regierung Hundert-Billionen-Scheine drucken lassen, weil das Geld so wenig wert war.

Diese Geschichte erzähle ich nicht, damit du dein Erspartes sofort ausgibst (auf keinen Fall, hörst du?). Es geht mir um das Wort **Inflation**. Nicht die Art von Inflation, die dafür sorgt, dass die Geldmenge in einem Land schnell wächst, sondern die Inflation, die dafür verantwortlich ist, dass das Weltall so schnell wuchs. Das ist nämlich die Antwort auf die Fragen der vorigen Seite: Warum ist das Weltall gerade und auch im letzten Winkel noch gleich warm?

WIE MAN KRUMME DINGE GERADE MACHT

Bei dieser Inflation handelt es sich um eine Theorie, die davon ausgeht, dass das Weltall einst in einer sehr kurzen Zeit wahnsinnig gewachsen sein muss. Denn wenn das winzige Weltall anfangs gleich unvorstellbar schnell gewachsen ist, dann ist es nicht so merkwürdig, dass es auch im entlegensten Winkel des Universums an leeren Stellen gleich warm ist. Das zunächst extrem kleine Weltall war noch so klein, dass es überall gleich warm war. Weil es sich sehr schnell ausdehnte, blieben auch die entlegensten Winkel noch gleich warm. Es war gar keine Zeit für Temperaturunterschiede! Die Inflationstheorie erklärt auch, warum das Weltall flach ist. Erinnere dich nur mal an die Bowlingkugel. Wird sie sehr fest geworfen, bleibt sie viel eher in einer schnurgeraden Linie. Das Weltall dehnte sich so schnell aus, dass auch schnurgerade Linien in einem schnurgeraden Universum entstanden. Du kannst dir das auch anders vorstellen: als einen winzigen Ballon, den du irre groß aufbläst. Alle krummen Linien werden dann plötzlich schnurgerade.

Aber wie schnell ist »unvorstellbar schnell« dann? Sehr schnell. Sogar schneller als das Licht. Aber he! Hallo! Warte! Das kann doch nicht sein? Es kann sich doch nichts schneller durch den Raum bewegen als das Licht? Stimmt. Nichts reist schneller durch den Raum als das Licht. Aber der Raum selbst kann schneller wachsen als die Lichtgeschwindigkeit. Und das ist irgendwann in der ersten Sekunde unseres Weltalls passiert. In der »Inflationszeit«. Einer Zeit, die so lange dauerte wie ein supermini Fitzelchen eines winzig kleinen Teilchens einer Milliardstelsekunde, die aber für unser Weltall sehr wichtig war. Die Inflation macht alles viel logischer. Nicht nur Form und Temperatur des Weltalls, sondern noch viel mehr. Die Frage ist nur: Wodurch kann das Weltall so schnell gewachsen sein?

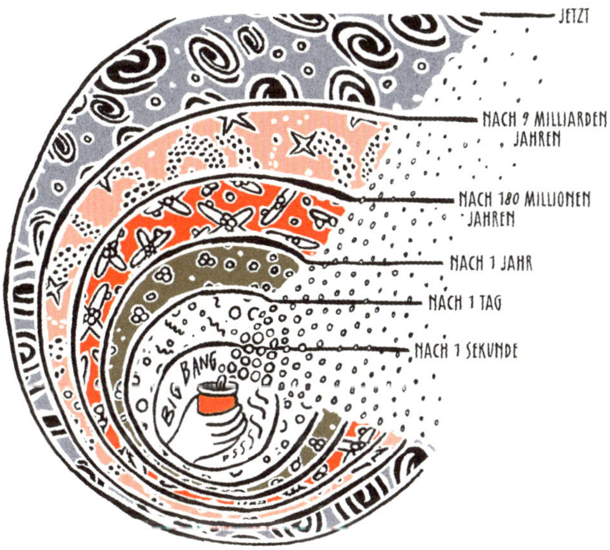

GEFRORENE COLA

Das ist eine ungewöhnlich komplizierte Geschichte, die nur wenige Menschen wirklich gut verstehen. Aber du schaffst das schon. Die Inflation fand ganz zu Anfang statt. Zu einem Zeitpunkt, als es in unserem winzig kleinen Weltall noch keine Kräfte wie die Schwerkraft oder die elektromagnetische Kraft gab, sondern nur eine einzige Kraft. Das Weltall kühlte damals ab und dadurch geschah etwas ganz Besonderes: Auf einen Schlag änderte sich alles. Im Nu war das Weltall vollkommen anders. Seltsam, aber wahr. Mit einer Dose Cola könntest du das ein klein wenig nachahmen. Wenn du deine Cola nicht zu lange ins Gefrierfach legst, kann die Cola eine Temperatur unter Null erreichen und dennoch flüssig bleiben. Der Druck der Kohlensäure in der Dose sorgt dafür, dass die Cola gerade so noch nicht gefriert. Wenn du die Dose öffnest, verringert sich der Innendruck und deine Cola gefriert schlagartig zu einem Eisblock. Auf ähnliche Weise kann sich alle Materie im Weltall verändert haben. Wenn so etwas geschieht, wird Energie freigesetzt. Bei einer Coladose nicht so viel, aber bei unserem kompletten Weltall natürlich schon. Und es gibt noch mehr Vermutungen, wie dieses schnelle Wachstum zustande gekommen sein könnte.

SCHWERKRAFT, DIE NICHT ANZIEHT, SONDERN ABSTÖSST

Wir sind daran gewöhnt, dass Schwerkraft immer anzieht. Darum fallen wir nicht von der Erde herunter und deswegen kreist unser Planet um die Sonne. Aber manche Wissenschaftler vermuten, dass die Schwerkraft unter ganz speziellen Umständen auch genau umgekehrt wirken kann. Dann würde sie nicht anziehen, sondern abstoßen. Dafür bräuchte man nur eine gewaltige Menge an Energie und die gab es in der Inflationszeit zuhauf. Sehr lange hätte sie nicht gedauert, die umgekehrte Schwerkraft. Blitzschnell war sie in null Komma nichts schon wieder vorbei. Doch in dieser Zeit ist unser Weltall gewaltig gewachsen – von beängstigend klein bis auf das Format einer echten, regelrechten, großen ... Murmel. Hm, zugegeben, das klingt nicht sehr imposant. Aber das ist es schon, wenn du bedenkst, dass das Weltall wirklich winzig war. Die Größe hat sich in einer extrem kurzen Zeit mehr als hundert Mal nacheinander verdoppelt. Und das ist spektakulär!

Stell dir mal vor, du verdoppelst ein Reiskorn mehrfach. Bei der ersten Verdoppelung bekommst du zwei Reiskörner. Bei der zweiten vier. Bei der dritten acht. Und so fort. Wenn du so weitermachst, hast du nach zehn Verdoppelungen 1024 Reiskörner. Nach zwanzig Verdoppelungen sind es schon mehr als eine Million. Nach dreißig mehr als eine Milliarde. Nach fünfzig mehr als eine Million Milliarden. Und nach hundert Verdoppelungen hast du mehr als tausend Milliarden Milliarden Milliarden Reiskörner. Das ist mehr Reis, als alle Menschen auf der Erde Millionen und Abermillionen Jahre lang essen könnten ...

Bist du jetzt überzeugt? Ja? Schön. Dann auf ins nächste Kapitel. Das ist noch viel spektakulärer. Worum es geht? Um die Antwort auf dieses Rätsel: Ein Reicher braucht es, ein Armer hat es, und wenn du es isst, stirbst du. Dreimal darfst du raten ...?

0 IST MEHR, ALS DU DENKST

Nimm ein Aquarium. Entferne alles Wasser. Hole alle Fische raus. Alle Pflanzen, den ganzen Sand, alles Futter, alles, alles, alles. Du machst es sauberer als sauber und es ist echt leer. Aber es ist doch nicht ganz leer. Es ist auch noch Luft drin. Auch diese Luft ziehst du mit einer superstarken Saugpumpe ab. Jetzt ist dein Aquarium wirklich leer. Wir nennen das ein Vakuum. Es gelingt uns übrigens nie, ein hundertprozentiges Vakuum herzustellen. Es bleiben noch eine Menge verirrter Moleküle übrig, egal wie sehr du dich anstrengst. Weit weg im Weltraum kommst du einem echten Vakuum schon näher. Dort gibt es Bereiche, in denen du nur noch einem einzigen Wasserstoffatom auf einem Kubikzentimeter begegnest und sonst nichts. Und wenn du bedenkst, dass ein solches Atom selbst auch fast nur aus Leere besteht, ist das wirklich ziemlich leer. Aber angenommen, du hast jetzt ein echtes Vakuum, in dem das eine Atom auch noch weg ist und wo du also überhaupt nichts mehr hast. Ist das dann vollkommen leer? Hast du dann wirklich nichts? Nein. Denn nichts gibt es nicht.

ENERGIE AUS NICHTS

Aus nichts entsteht immer etwas. Am laufenden Band. Aber wie muss man sich das dann vorstellen? Schenk dir mal ein Glas Cola ein. Oder, wenn du die nicht magst, ein Glas Sprudel. Siehst du die Bläschen, die sich in deinem Glas bilden? Woher kommen die denn? Aus dem Nichts! Denk dir jetzt die Cola oder das Wasser weg und du siehst, wie aus dem Nichts etwas entstehen kann. In einem Vakuum passiert dasselbe. Wenn du ein völliges Vakuum hast, dann tauchen dort ständig kleine Teilchen und Antiteilchen auf, die fast immer sofort wieder verschwinden. Es ist höchst sonderbar, aber wahr: Nichts kommt in unserer Welt nicht vor. Mit sehr großer Anstrengung könntest du es hinkriegen, ein sehr kleines Stück Raum wirklich ganz leer zu kriegen. Aber verrückterweise würde das unglaublich viel Energie kosten und nur für einen sehr kurzen Moment gelingen. Überall tauchen diese Teilchen wieder auf, um sofort wieder zu verschwinden. Und wenn Teilchen auftauchen, taucht auch kurz Energie auf. Denn Teilchen haben viel Energie. Also hast du sogar im Nichts Energie!

Um sich vorstellen zu können, was damit gemeint ist, hilft vielleicht folgendes Experiment: Du hältst zwei Metallplatten ganz dicht in einem Vakuum zusammen. Um die Platten herum gäbe es dann sehr viel »Nichts«, vermutlich mehr als zwischen den Platten. Also gäbe es auch mehr »Nichtsenergie«. Diese »Nichtsenergie« oder **Vakuumenergie** zieht die Platten zusammen. Das funktioniert wirklich. Die Kraft, die aufgrund dieser Energie hervorgerufen wird, ist sogar zu messen und zu berechnen. Mit ungeheuer leistungsstarken Computern waren Physiker in der Lage, dahinterzukommen, wie dieses »Nichts« in Wirklichkeit aussehen müsste. Hier siehst du das Endergebnis ihrer Berechnungen. Das Nichts ähnelt den Bläschen, die ganz kurz aufsteigen und dann wieder verschwinden:

EIN REFERAT ÜBER QUANTENFLUKTUATIONEN

In Wirklichkeit ist dieses Bildchen so ungefähr das Kleinste, was es gibt. Aber dieses Kleinste sprudelt nur so vor Bläschen. Physiker nennen es natürlich nicht Bläschen, die reden über **Quantenfluktuationen**. Manche schwierigen Wörter kannst du einfach so vergessen, aber das Wort »Quantenfluktuationen« nicht. Dafür ist es zu spannend und zu wichtig. Das solltest du dir unbedingt merken. Vielleicht solltest du ein Referat über Quantenfluktuationen halten? Oder du verwendest einfach das Wort »Quantenfluktuationen« beiläufig in einem Gespräch mit Erwachsenen. Du kannst Gift darauf nehmen, dass die dann echt beeindruckt sind, denn sie haben wahrscheinlich nicht die leiseste Ahnung, was Quantenfluktuationen sind.

Da ist also was mit den Bläschen ... äh, Quantenfluktuationen. Dieses Bild sieht etwas anderem ganz schön ähnlich. Und zwar nicht nur ein bisschen! Hast du eine Idee? Es ähnelt dem Babyfoto des Weltalls wie ein Ei dem anderen! Das ist kein Zufall. Denn so hat das Weltall ganz zu Anfang ausgesehen. Und da war schließlich noch nichts. Dieses Nichts sah genauso aus. Durch die Inflation ist es gigantisch groß geworden. Aus nichts ist ein komplettes Weltall entstanden! Und wir haben einfach eine Abbildung des allerersten Anfangs unseres Universums. Wir wissen jetzt, wie es damals dort aussah. Ist unser Weltall also einfach so aus nichts entstanden? Das kann sein, auch wenn das – ehrlich gesagt – keiner sicher weiß. Aber nochmals: Es ist sehr gut möglich.

DUNKLE ENERGIE IST NICHTS

Und da ist noch was mit diesem Nichts. Einige sind davon überzeugt, dass das Nichts für Energie sorgt. In dem Experiment mit der Vakuumenergie würde es sogar Platten zur Seite schieben. Wäre es dann nicht möglich, mit einer ganzen Menge Nichts auch Galaxien beiseitezuschieben? Im Weltraum ist unglaublich viel Nichts, also auch enorm viel Vakuumenergie. Und wenn diese Energie dazu führte, dass sich Sternsysteme auseinanderbewegen, dann würde auch das Weltall wachsen. Wenn das Weltall wächst, kommt noch mehr Nichts, also mehr Vakuumenergie. Und so kann es sein, dass das Weltall immer schneller wächst. Kommt dir das auch bekannt vor? Es erinnert ziemlich stark an die Geschichte mit der Dunklen Energie. Vielleicht ist diese Dunkle Energie dann ja nichts! Das könnte alles sein. So siehst du: Wenn es etwas Besonderes gibt, dann ist es wohl das Nichts.

1 WELT AUS 20 DIMENSIONEN

Jetzt haben wir wirklich schon einen gewaltigen Teil des Geheimnisses aufgeklärt! Doch ein paar entscheidende Fragen bleiben noch übrig. Beispielsweise: Was geschah vor dieser extrem kurzen und extrem großen Ausdehnung des Weltalls? Außerdem muss das Universum zu Anfang, vor dem Urknall, unbeschreiblich heiß gewesen sein. Woher kam diese Hitze? An dieser Stelle hört unsere Geschichte auf. Wir wissen es nicht. Und dann gibt es noch etwas, das du nicht weißt. An diesen Quantenbläschen, die aus dem Nichts kommen, ist nämlich noch etwas Besonderes. Und darin steckt vielleicht ein Teil der Lösung. Die Fluktuationen können nämlich unvorstellbar viel Energie haben und daher enorm heiß sein. Nur gilt: Je heißer sie sind, desto kürzer existieren sie. Extrem heiß geht einfach nur für eine extrem kurze Zeit. Daraus könnte also die Wahnsinnshitze beim Urknall stammen. So sind noch weitere Erklärungen möglich, aber je mehr Erklärungen es gibt, desto schwieriger ist es herauszufinden, was stimmt. Vorläufig kommen wir jedenfalls nicht dahinter. Oder hast du mittlerweile schon eine Lösung gefunden?

EINE THEORIE VON ALLEM

Wir können eigentlich alles genau berechnen und vorhersagen: wie sich normale und große Dinge verhalten, so wie du und ich und Kamele und Galaxien. Und wir können berechnen und vorhersagen, wie sich extrem kleine Dinge verhalten, wie Elektronen, Photonen und Quarks. Aber es gibt kein Gesetz, das große, normale und kleine Dinge miteinander verbindet: eine Theorie von allem. Sterne, Planeten und Sternsysteme halten sich vor allem an die Regeln der Schwerkraft. Wenn man alles über die Schwerkraft weiß, jedoch noch nie etwas von den anderen Kräften gehört hat, kann man immer noch hervorragend vorhersagen, in welche Richtung und mit welcher Geschwindigkeit sie sich bewegen. Für Quarks und Elektronen ist die Schwerkraft jedoch vollkommen bedeutungslos. Gerade die anderen Kräfte bestimmen alles. Und deswegen gelingt es einfach nicht, ein einziges klares Gesetz zu finden, das alle Kräfte miteinander verbindet. Das braucht man aber, wenn man ein Weltall beschreiben will, das so groß ist wie ein Quantenteilchen.

BESTEHST DU AUS GUMMIBÄNDERN?

An einer solchen Theorie von allem wird schon seit einem Jahrhundert mit aller Macht gearbeitet. Und es gibt auch auf diesem Gebiet wieder mehrere Erklärungen. Aber eine Erklärung ist die weitaus beliebteste: die Saitentheorie oder **Stringtheorie**. Sie geht davon aus, dass die kleinsten Teilchen in Wirklichkeit winzige Saiten (Strings) sind. Diese Saiten musst du dir wie schwingende Gummibänder vorstellen. Extrem kleine und unendlich dünne Gummibänder, die verschiedene Formen haben und auf unterschiedliche Weise schwingen können. Ihre Form und Schwingung bestimmt, welche Energien oder Teilchen sie bilden. Diese Idee ist schon Dutzende von Jahren alt und gilt noch immer als eine der wahrscheinlichsten Möglichkeiten. Nur – wie überprüft man, ob die Geschichte von den Saiten stimmt? Das macht man nicht mal eben im Chemiesaal – und auch nicht im Musikraum.

Die Saiten sind so klein, dass sie überhaupt nicht zu sehen sind. Auf keinerlei Weise. Also muss man sie irgendwie mit mathematischen Berechnungen beschreiben. Man muss sich Formeln für diese Saitenwelt ausdenken. Wie so eine Art $E = mc^2$, aber eben mit Saiten. Und dann müssen diese Formeln genau mit den Zahlen übereinstimmen, die im Universum vorkommen. Es gibt so etwa 20 Naturkonstanten, also unveränderbare Größen, die wir ganz genau kennen und die alles um uns herum erklären. Zum Beispiel die Masse von Elektronen und Quarks. Oder die elektromagnetische Kraft oder die starke Kernkraft. Die sind ganz exakt zu berechnen. Und so gibt es noch weitere wichtige Konstanten, die wir genau kennen und die das Verhalten aller Teilchen und Energien im Weltall bestimmen.

EINE FORMEL FÜR ALLE NATURKONSTANTEN

Mit der Saitentheorie musst du dir also nur mathematische Formeln ausdenken, mit denen sich all diese Konstanten erklären lassen. Stimmt auch nur eine einzige davon nicht, kannst du wieder von vorn anfangen. Na, klappt es mit den Berechnungen? Nein, nicht wirklich, nicht einmal annähernd. Es scheint unmöglich. Es sei denn ... es gibt mehrere Dimensionen. Und damit meine ich nicht eine oder zwei zusätzliche Dimensionen, sondern mindestens zehn und vielleicht sogar zwanzig Dimensionen insgesamt. Dann funktioniert es wahrscheinlich doch. Aber vier Dimensionen sind doch schon sonderbar! Wie kommt man denn auf zwanzig Dimensionen?

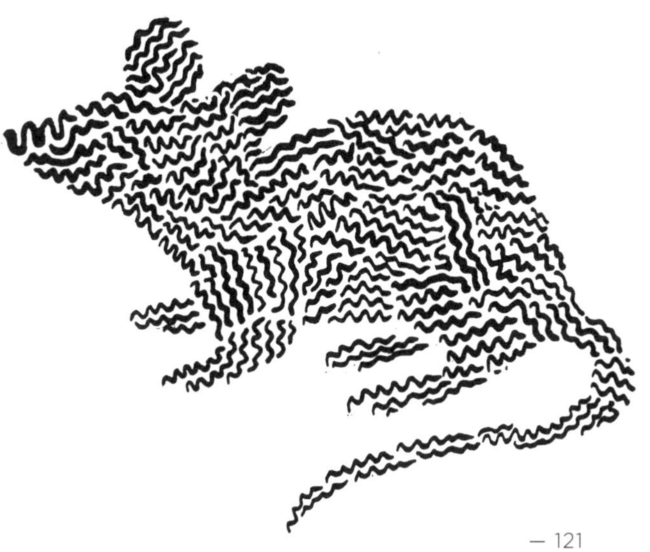

1 LINIE MIT 4 DIMENSIONEN

Eins ist ganz sicher: Es wird sehr schwierig, wenn du dir ein neues »oben«, »links« oder »vorne« zu überlegen versuchst. Eine solche Dimension hätten wir dann längst gesehen. Vor allem, weil diese Dimensionen unendlich groß sind. Wenn man dich nicht daran hindert, kannst du unendlich weit nach links oder nach oben ins Weltall. Vielleicht könnten die neuen Dimensionen ja nicht groß, sondern im Gegenteil besonders klein sein? Das ist weniger seltsam, als du vielleicht denkst.

Nimm zum Beispiel mal diese Linie.

Die hat nur eine Dimension, oder? Du kannst nur vorwärts oder rückwärts darauf laufen.

Aber wenn du sie aus der Nähe betrachtest, siehst du Folgendes: Es ist keine Linie, sondern ein rundes Seil. Jetzt kannst du vorwärts oder rückwärts darauf laufen und drumherum. Zumindest als Ameise. Es ist also eine Dimension hinzugekommen, die wir erst nicht gesehen haben.

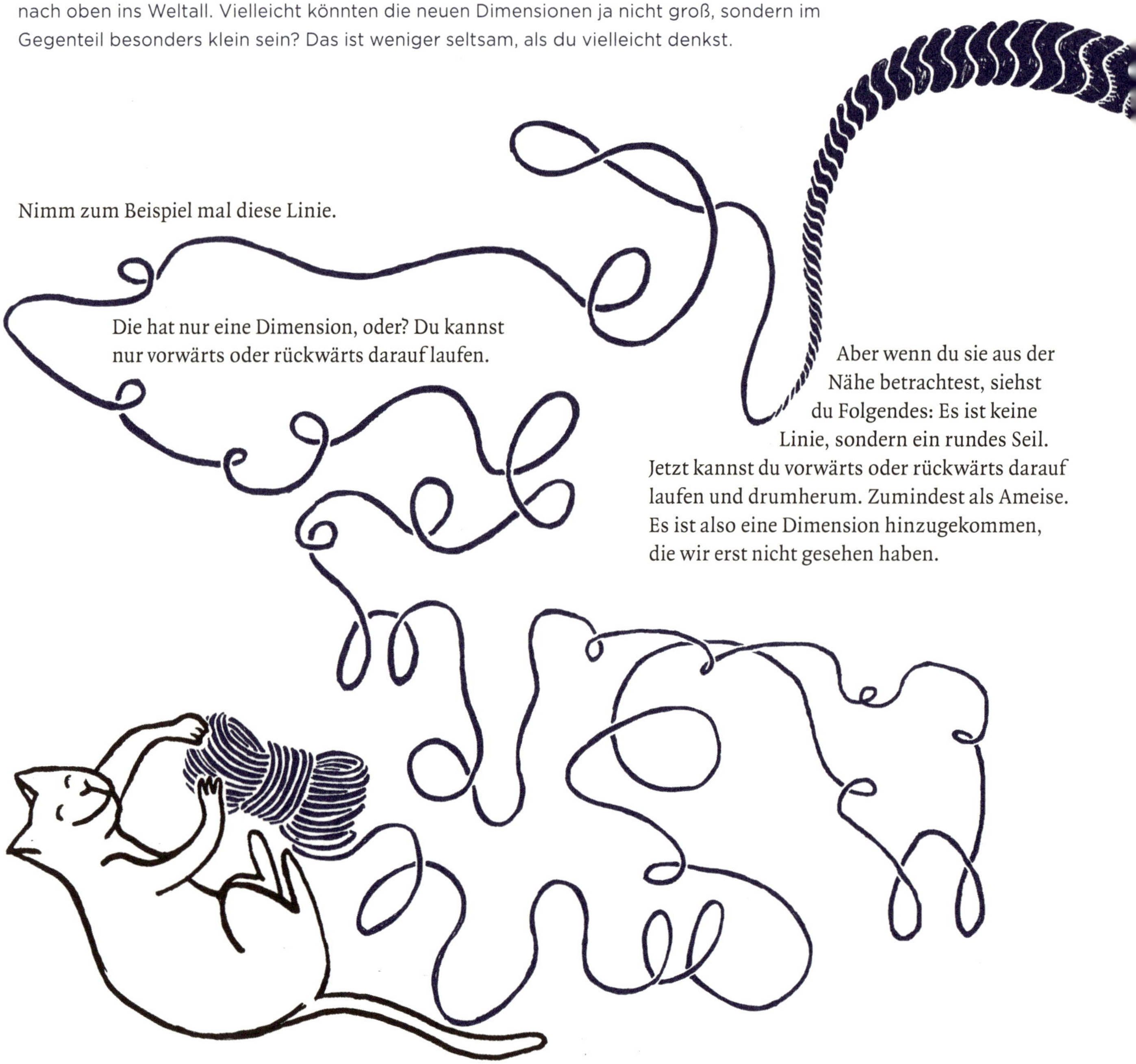

UNSICHTBARE DIMENSIONEN

Vielleicht hat dieses Seil ja auch ganz verrückte Riffelungen, wenn du es vergrößerst. Oder es stellt sich heraus, dass es innen hohl ist und es sogar noch mehr Möglichkeiten gibt, darauf, hindurch und drumherum zu laufen. So kommen mit der Vergrößerung der Linie immer wieder neue Dimensionen hinzu. Das könnte in unserer Welt ja auch der Fall sein. Wir können die Dimensionen dann nur noch nicht sehen, weil sie zu klein sind. Das ist eine ganz nette Möglichkeit. Aber bislang können wir sie nicht beweisen.

Zum Glück bekommen die Rechner Hilfe vom Teilchenbeschleuniger in der Schweiz. Dort überprüfen sie, ob bei den Zusammenstößen der extrem kleinen Teilchen vielleicht Energie in eine andere Dimension verschwindet. Sie berechnen die Menge der Energie im Voraus. Sie lassen die Teilchen wieder fast mit Lichtgeschwindigkeit aufeinanderprallen. Und wenn nach den Zusammenstößen Energie verschwunden ist, dann befindet sich diese vielleicht in einer anderen Dimension! Bislang haben sie das noch nicht gemessen. Aber wer weiß – vielleicht ja in der Zukunft?

QUANTENGRAVITATION

Die Saiten- oder Stringtheorie ist nicht die einzige Möglichkeit, sich eine Theorie von allem auszudenken. Eine ähnliche Theorie ist die der **Quantengravitation**. Und genau wie die Saitentheorie versucht sie, die Relativitätstheorie von Einstein und die Theorien der Quantenmechanik zusammenzubringen. Auch das ist eine vielversprechende Theorie, von der wir in der Zukunft wahrscheinlich viel zu hören bekommen. Aber sie ist unglaublich kompliziert, weswegen du es sicherlich nicht schlimm findest, wenn ich sie mal eben überspringe.

So versucht die Wissenschaft immer weiter zu entwirren, wie alles entstanden ist – mit immer spektakuläreren Methoden ...

EIN GERÄT, DAS BIS AUF 0,000 000 000 000 000 000 001 METER GENAU MISST

Was würde bei einem Zusammenstoß zweier Schwarzer Löcher passieren? Zweifelsohne sehr viel. Aber was genau? Du brauchst nicht darüber nachzudenken. Einstein hatte schon vor einhundert Jahren eine Antwort auf diese Frage: Bei einem solchen Zusammenstoß würde eine gewaltige **Schwerkraftwelle** entstehen. Eine Welle im Raum, so groß, dass sie Millionen Kilometer weiter und Millionen Jahre später noch messbar wäre. Um die Schwarzen Löcher herum entsteht ein Kreis, der sich nach außen bewegt. Genau wie die Kreise, die du siehst, wenn du einen Stein ins Wasser wirfst - nur eben in der Raumzeit. Dadurch dehnt sich alles kurz aus und schrumpft für einen kurzen Moment wieder zusammen. Zumindest laut Einstein. Der kann sich das zwar alles ausdenken - aber es muss natürlich auch noch stimmen!

Nur ... *falls* es stimmt, dann könntest du eine ganz neue Möglichkeit finden, um in die Vergangenheit unseres Weltalls zu schauen. Du könntest die Schwerkraft- oder Gravitationswellen studieren. Die würden dann vielleicht einen großen Schatz an neuen Informationen zur Geschichte des Universums liefern, bis hin zum Urknall selbst.

HE, LASST UNS EIN UNMÖGLICHES GERÄT BAUEN!

Vor etwa fünfundvierzig Jahren überlegten sich ein paar Wissenschaftler, es könnte tatsächlich sehr nett sein, ein solches Gerät zu bauen, das die Schwerkraftwellen messen könnte. Dieses Gerät müsste dann allerdings empfindlich genug sein, um Wellen mit einer Genauigkeit von mehr als 20 Nullen hinter dem Komma messen zu können. Es müsste extrem schwache Wellen auffangen können, und Erdbeben, Flugzeuge, durchfahrender Schwerlastverkehr und andere Störungen dürften ihm keine Probleme bereiten. Die Wissenschaftler hatten weder eine Ahnung, wie sie so ein Ding bauen sollten, noch wussten sie, wie lange es bis zur Fertigstellung eines solchen Geräts dauern würde. Was es kosten würde, wussten sie auch nicht. Sie wussten nicht einmal, ob sie überhaupt in der Lage wären, ein solches Gerät zu bauen. Und sie waren sich nicht sicher, ob die Gravita-

tionswellen überhaupt existierten. Kurzum – du wirst es schon erraten haben: Sie hielten es für einen ausgezeichneten Plan und machten sich an die Arbeit …

ZWEIUNDVIERZIG JAHRE UND EIN PAAR MILLIARDEN DOLLAR SPÄTER …

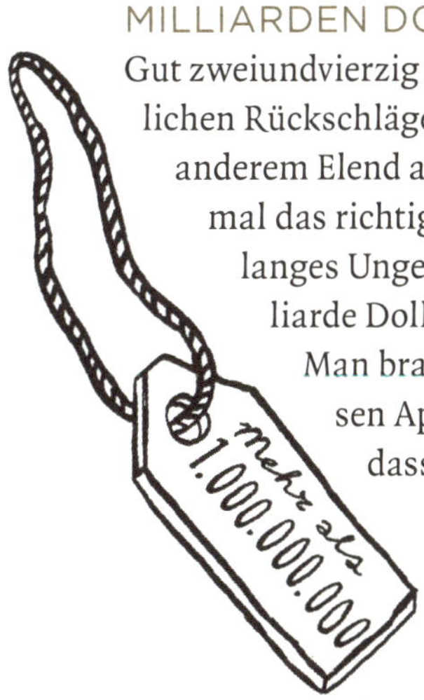

Gut zweiundvierzig Jahre arbeiteten sie mit unglaublichen Rückschlägen, Misserfolgen, Streitigkeiten und anderem Elend an diesem Gerät. Gerät ist nicht einmal das richtige Wort. Es wurde ein vier Kilometer langes Ungetüm und kostete mehr als eine Milliarde Dollar. Das war aber noch nicht alles! Man brauchte nämlich zwei dieser monströsen Apparate, um sichergehen zu können, dass dieses Ding nicht doch noch die Schwingungen eines Erdbebens oder einer anderen Störung auffing. Außerdem brauchte man die zwei Geräte, um bestimmen zu können, woher die Wellen kamen. Daher steht ein Gerät im Westen der Vereinigten Staaten von Amerika und das andere im Osten des Landes. Wenn beide exakt das gleiche Signal auffingen, musste es sich wohl um eine Schwerkraftwelle handeln.

Die beiden Geräte heißen offiziell LIGO (Laser Interferometer Gravitational-Wave Observatory, das bedeutet so etwas wie »Laserschwerkraftswellenstörungsobservatorium«). Inzwischen gibt es noch mehr von diesen Interferometern, z. B. auch einen in Ruthe in der Nähe von Hannover. Und was haben wir bislang von ihnen gelernt?

14. SEPTEMBER 2015

Weißt du noch, was du am 14. September 2015 gemacht hast? Wahrscheinlich nicht. Aber ich weiß etwas: An diesem Tag bist du ein wenig in der Länge geschrumpft und ein wenig in die Breite gegangen. Nicht viel. Nur ein klein wenig. Ungefähr 0,000 000 000 000 000 000 001 Meter. Und das auch nur für einen winzigen Moment. Du wirst nicht viel davon gemerkt haben und deine Kleidung hat dir auch die ganze Zeit noch gepasst, denn die ist mitgeschrumpft und hat sich wieder ausgedehnt. Mir ist an dem Tag übrigens genau dasselbe passiert. Dem König auch. Der Mumie von Tutanchamun. Dem Mond. So ziemlich allem also. Das klingt höchst sonderbar, ist aber wirklich wahr!

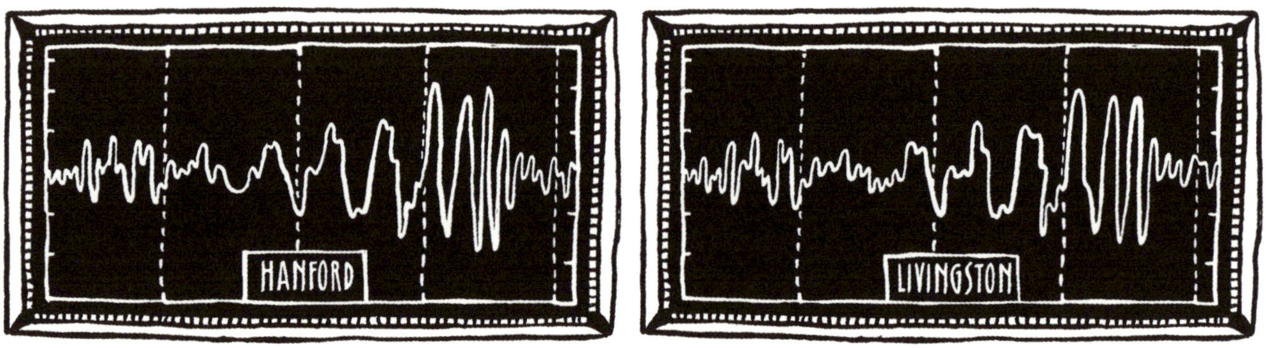

Das liegt an einem Ereignis, das vor 1,3 Milliarden Jahren stattfand. Es sorgte dafür, dass im September 2015 alles in unserer Umgebung kurz schrumpfte und sich wieder ausdehnte. Und das wissen wir dank jener genialen Verrückten, die so hart am LIGO gearbeitet hatten.

DAS WELTALL ABHÖREN

LIGO funktioniert mit Laserstrahlen, die über Spiegel eine kilometerlange Strecke zurücklegen und sich dann kreuzen. Wenn eine Schwerkraftwelle hindurchgeht, verändert sich der Abstand zwischen den Spiegeln ein ganz, ganz, ganz klein wenig und das kann man auf einer Grafik erkennen. Die Wellen können auch in Schallwellen umgewandelt werden und daraus kann man wiederum Informationen ziehen. Jede Art von Zusammenstoß oder Explosion im Weltall liefert eigene Geräusche. So können die Forscher nicht nur sehen, sondern auch hören, ob es um einen Zusammenstoß von Sternen, Schwarzen Löchern oder um beides geht.

UWWWÜÜP

Nach 42 Jahren voller Anstrengungen und Mühen konnten die Mitarbeiter des LIGO das Gerät im September 2015 zum ersten Mal in Betrieb nehmen. Und schon während der ersten Testrunden sahen sie die Grafiken einer echten Gravitationswelle auf ihrem Bildschirm. Danach wandelten sie die Welle in Schall um und da hörten sie »uwwwüüp«. In diesem Moment brachen erwachsene Männer in Tränen aus. Selbst heute noch werden ihre Augen feucht, wenn sie von diesem Augenblick erzählen. Das Gerät, für das sie jahrelang ihr Seelenheil gegeben hatten, funktionierte.

Aber was war »uwwwüüp«?

UWWWÜÜP war das Geräusch eines Zusammenstoßes zweier Schwarzer Löcher vor 1,3 Milliarden Jahren. Das eine Schwarze Loch war so schwer wie 29 Sonnen, das andere »wog« 36 Sonnen. Sie kreisten

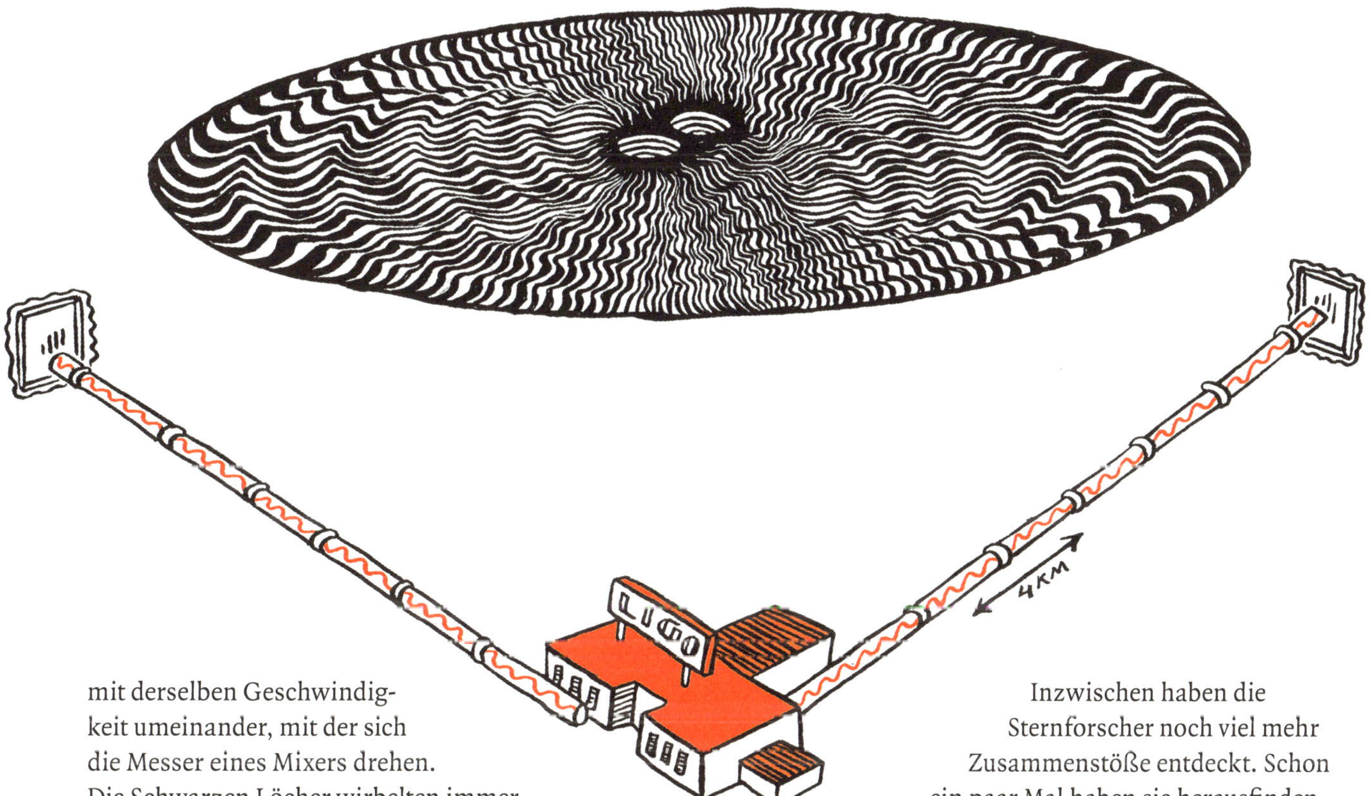

mit derselben Geschwindigkeit umeinander, mit der sich die Messer eines Mixers drehen. Die Schwarzen Löcher wirbelten immer näher aufeinander zu und verschmolzen schließlich miteinander. Für einen Augenblick war ihre Strahlung stärker als die aller Sterne aus dem gesamten Weltall zusammen. Dabei kam nur kein sichtbares Licht frei, denn es waren nun einmal Schwarze Löcher und daraus kann kein Licht entweichen. Alle Energie dieser Strahlung wurde daher in Schwerkraftwellen umgesetzt. Seither schossen Wellen durch den Weltraum. Und das machen sie noch immer. So gingen die Wellen des Zusammenstoßes dieser beiden Schwarzen Löcher am 14. September 2015 mitten durch die Erde, durch dich und durch mich hindurch.

Inzwischen haben die Sternforscher noch viel mehr Zusammenstöße entdeckt. Schon ein paar Mal haben sie herausfinden können, was dabei vor sehr langer Zeit sehr weit von hier entfernt stattgefunden hat. Die Wellen und der Schall, den sie mit dem LIGO aufgefangen haben, erzählen alles Mögliche über die ersten Sterne, die es im Weltall gab. Was für die Archäologen die Scherben und Knochen, sind für die Sternforscher die Uwwwüüps, Tschirps und Flüüderdüderdüps.

Mit Geräten wie dem LIGO und Teilchenbeschleunigern wie dem CERN in der Schweiz werden wir noch ungeheuer viele Entdeckungen über die Vergangenheit unseres Weltalls machen.

Aber welche? Das wissen wir nicht.

— TEIL 5 —

WER HAT UNSER WELTALL GEMACHT?

TEIL 5

Manche Wissenschaftler haben versucht zu berechnen, aus wie vielen Teilchen und Photonen unser Weltall besteht. Was glaubst du? Die Zahl der Teilchen ist eine 1 mit achtzig Nullen dahinter und die Anzahl der Photonen eine 1 mit neunundachtzig Nullen dahinter. Und das stammt alles aus dem … Nichts. Das sagen zumindest die Forscher und die hatten bislang das Wort.

Doch Wissenschaftler sind nicht die Einzigen, die über die Frage nachgedacht haben, woher unser Weltall stammt. Wahrscheinlich beschäftigen sich die Menschen schon seit Zehntausenden von Jahren mit diesem Mysterium. Milliarden Menschen haben geglaubt, unsere Erde mit allem Drumherum müsse von einem Gott oder von Göttern geschaffen worden sein. Haben die sich alle geirrt? Oder nicht?

Außerdem hat es immer auch Philosophen und andere große Denker gegeben, die sich mit dieser Frage auseinandergesetzt haben. Was haben sie sich in all dieser Zeit überlegt? Welche Lösung haben sie gefunden?

JUNI
MAI
JULI
APRIL
AUGUST
MÄRZ
SEPTEMBER
FEBRUAR
OKTOBER
JANUAR
NOVEMBER
DEZEMBER
HASE
GROSSER HUND
ERIDANUS
SIRIUS
BETEIGEUZE
ORION
EINHORN
STIER
WAL
KREBS
WIDDER
FISCH
KASSIOPEIA
POLARSTERN
GROSSER BÄR
LÖWE
ANDROMEDA
PEGASUS
KEPHEUS
KLEINER BÄR
SÜDFISCH
EIDECHSE
DRACHE
OCHSENTREIBER
JUNGFRAU
WASSERMANN
STEINBOCK
SCHWAN
DELFIN
WASSERSCHLANGE
SCHLANGE KOPF
HERKULES
SCHLANGE SCHWANZ
SCHÜTZE
SKORPION
WAAGE

O BADEENTEN

Herzlichen Glückwunsch! Wenn du das Buch bis hierher gelesen hast, weißt du schon unglaublich viel. Aber es gibt auch schlechte Nachrichten. Denn wir sind jetzt wirklich in einer Sackgasse gelandet. Wir müssen warten, bis die Mitarbeiter von CERN und LIGO sowie die anderen brillanten Wissenschaftler neue großartige Entdeckungen machen. Und es könnte sein, dass sie in der nächsten Zeit gar nichts finden. Dann kommen wir auch nicht weiter. Auf jeden Fall müssen wir Geduld haben. In ein paar Jahren bekommen wir außerdem Quantencomputer mit mehr Rechenkraft als je zuvor - die werden uns ganz sicher wieder weiterhelfen. Leider ist es nur noch nicht so weit. Vielleicht müssen wir vorläufig also bei anderen anklopfen. Nicht bei Sternforschern und Physikern, sondern bei Philosophen und Gläubigen. Die versuchen nämlich jeder auf seine Art, eine Antwort auf viele der Fragen zu finden, mit denen sich die Wissenschaftler auch herumschlagen.

WAS IST DER SINN DES LEBENS?

Aber Philosophen und Gläubige machen mehr. Sie versuchen, auch nach dem Sinn und der Bedeutung des Weltalls und des Lebens zu suchen. Warum gibt es uns? Wie können wir unser Leben am besten gestalten? Was kommt nach unserem Leben? Und sie versuchen natürlich, Fragen wie: Warum gibt es überhaupt ein Universum?, zu beantworten. Manche Forscher schätzen diese Art von »Warum-Fragen« nicht sonderlich – die Antworten darauf sind nicht messbar, man kann sie nicht durch ein Teleskop oder Mikroskop betrachten und man kann sie nicht berechnen. Außerdem ist es den Wissenschaftlern zufolge nicht zielführend, diese Art von Fragen zu stellen. Man fragt ja auch nicht, welchen Sinn es hat, dass ein Stein härter ist als ein Kissen oder dass ein Elefant größer ist als eine Ameise. Manche Dinge sind nun einmal, wie sie sind, und nicht für alles muss es unbedingt einen tieferen Grund geben. Nimm die Lichtgeschwindigkeit: Die ist nun einmal rund 300 000 Kilometer pro Sekunde. Dafür muss es doch überhaupt keinen Grund geben?

Andererseits stellen sich Milliarden von Menschen die Frage, warum unser Weltall existiert. So verrückt ist die Frage also doch wieder nicht. Außerdem ist es auch schön, über solche Sachen nachzudenken. Denn mal ganz ehrlich: Es wäre wirklich sehr viel logischer gewesen, wenn einfach nichts bestünde: kein Raum, keine Zeit, kein Weltall, keine Badeente, kein Apfelkuchen, einfach nichts. Das Weltall muss sich schon ganz schön anstrengen, um zu existieren: all die Energie, all die Galaxien, das ganze Gedöns. Und das für nichts? Das ist doch nicht logisch? Aber das Weltall – so die Wissenschaftler – muss ja auch gar nicht logisch sein. Es ist einfach, wie es ist. Und das ist nun mal außergewöhnlich sonderbar. Da kann man nichts machen.

EIN SCHÖPFER ODER EINE SCHÖPFERIN?

Und doch gibt es für Milliarden von Menschen auf der Erde eine ganz offensichtliche Erklärung. Es muss ein Gott gewesen sein, der das alles in Gang gesetzt hat. Das einzige Problem ist, dass sie ziemlich unterschiedlicher Meinung darüber sind, welcher Gott das gewesen ist und wie er das gemacht hat. Bei dem Wort »Gott« denken viele Menschen an den christlichen Gott, der viel Ähnlichkeit hat mit dem Allah der Moslems und dem Jahwe der Juden. Natürlich gibt es noch viel mehr Religionen. Daher ist es praktischer, über einen Schöpfer zu reden, denn so übergehen wir keine Religion.

Aber müssen wir dann nicht auch über eine Schöpferin sprechen? Denn klar könnte das auch der Fall sein! Trotzdem sind viele Menschen davon überzeugt, dass wir es mit einem männlichen Schöpfer zu tun haben. Denn es gibt schon allein hier auf Erden so viel Elend, Tod und Verderben – das hätte eine weibliche Schöpferin ihrer Ansicht nach bestimmt anders geregelt. Die meisten Götter wenden außerdem viel Gewalt an und sind nicht gerade zimperlich im Umgang mit Menschenleben, was viele für einen typisch männlichen Charakterzug halten. Schau ruhig mal im Internet nach den »Auswirkungen von Testosteron auf unser Verhalten«.

1 KAMEL MIT 3 HÖCKERN

Das Anstrengende an der Wissenschaft ist, dass man Dinge beweisen muss. Wie beweist man, dass es nie außerirdische Wesen auf der Erde gegeben hat? Die Wahrscheinlichkeit, dass jemals Aliens auf der Erde herumgelaufen sind, ist wirklich zu vernachlässigen, aber beweise mal, dass sie nie da waren. Oder wie beweist man, dass Kamele immer zwei Höcker haben? Vielleicht gibt es in einem abgelegenen Gebiet des Himalaya ja eine Kamelart, die drei Höcker hat? Du verstehst, wie kompliziert es ist zu beweisen, dass es einen Schöpfer gibt. Das ist bislang auch noch nicht gelungen.

Außerdem – selbst wenn du die Existenz eines Schöpfers nachweist, verlagerst du das Problem vom Anfang des Weltalls bloß. Denn woher kommt dann dieser Schöpfer? War der immer schon da? Aber wie kann man immer schon da gewesen sein? Woher kommst du denn dann? Andererseits ... wenn nie etwas war, wie kann dann aus dem Nichts ein Schöpfer entstanden sein? Solche Probleme lassen sich unmöglich lösen. Kirchenvater Augustinus wurde einst gefragt, womit Gott beschäftigt war, bevor er das Weltall und die Erde schuf. Augustinus antwortete scherzend, Gott habe damals die Hölle geschaffen für Menschen, die solche Fragen stellten ... Sei gewiss, dass viele Menschen versucht haben zu beweisen, dass es einen Schöpfer gibt. Und auch die Wissenschaft kann solche Fragen letztendlich nicht lösen, obwohl es viele brillante und tiefgläubige Wissenschaftler gibt. Das war früher schon so und das gilt heute immer noch.

WARUM GIBT ES LEID AUF DER WELT?

Gläubige halten ihren Gott oft für sehr weise und verständnisvoll und gütig. Auch wenn schlimme Sachen passieren, hat das doch einen guten Grund. Vergleiche es mit einer Katze, die du für eine Spritze zum Tierarzt bringen musst. Das Tier versteht nicht, wofür das gut sein soll. Wir Menschen dagegen verstehen, dass es besser ist für die Katze. Vielleicht ist es mit dem Leid in der Welt auch so. Letzten Endes ist es für einen höheren guten Zweck nötig – meinen zumindest die meisten Gläubigen. Wiederum andere Gläubige finden, alles Leid, das uns überkommt, sei eigentlich eine Strafe für die Dinge, die wir falsch machen.

Und was meinen die Philosophen? Die brauchen gar nicht zu finden, dass ein Schöpfer immer gut und perfekt ist. Vielleicht hat es ja mal einen Schöpfer gegeben, aber der ist gestorben. Das kann doch auch sein? Das würde eine Menge erklären! Außerdem braucht dieser Schöpfer ihrer Ansicht nach auch nicht immer das Beste mit uns vorzuhaben – es gibt ausreichend Gründe anzunehmen, dass es ganz sicher nicht so ist. Jeden Augenblick leiden auf der Erde nicht nur Menschen, sondern auch Unmengen Tiere, große wie kleine. Welchen Nutzen kann das haben? Was haben diese Tiere falsch gemacht? So gibt es auch Philosophen, die zwar an einen Schöpfer glauben, aber nicht unbedingt an einen gütigen Schöpfer. Ein Philosoph zum Beispiel glaubt, dass es einen Schöpfer gibt, jedoch einen mit schlechten Absichten. Und zu unserem Glück habe dieser Schöpfer seine Ziele nur zu 80 Prozent umsetzen können.

GRÜNDE, NICHT AN EINEN GUTEN SCHÖPFER ZU GLAUBEN

Manche Philosophen führen nachfolgende Gründe an, die der Auffassung widersprechen, der Schöpfer sei gütig und perfekt. Wenn dieser Schöpfer …

… kein Elend verhindern kann und kein Elend verhindern will, dann ist er ein schlechter Schöpfer.
… nichts Böses will und es geschieht doch, dann ist er nicht so perfekt.
… das Elend sehr wohl verhindern könnte, aber es nicht tut, dann ist er kein gütiger Schöpfer.
… sehr wohl schlimme Sachen verhindern kann und sie auch verhindern will, dann müssten wir diese schlimmen Sachen auch nie erleben.

Stimmt haargenau, könntest du denken. Aber in Wirklichkeit ist es ein wenig komplizierter. Denn es scheint, als wären die vier Gründe hier oben die einzigen Möglichkeiten, aber das muss gar nicht sein. Es kann schließlich auch sein, dass die schlimmen Dinge, die wir so erleben, doch für irgendwas gut sind. Etwas, das wir als schlecht erfahren, muss nicht unbedingt schlecht sein für die Welt. Außerdem geschehen natürlich auch viele schöne Dinge. Die kommen in der Aufzählung oben gar nicht vor.

1 WELPE UND 3000 FEDERN

Es gibt genügend Gründe, nicht an einen Schöpfer zu glauben. Der wichtigste ist natürlich, dass man mit der Geschichte von der Quantenfluktuation überhaupt keinen Schöpfer für ein Weltall braucht. Ein weiteres wichtiges Argument ist, dass dieser Schöpfer vollkommen unsichtbar ist und nie selbst mal eben kurz und knapp im Fernsehen erläutert, wie das alles zusammenhängt. Es wäre nämlich sehr schön, wenn das so wäre. Schließlich gibt es heute alle möglichen Anhänger verschiedener Religionen, die miteinander im Streit liegen, und das hat zu einer ganzen Menge Krieg und anderem Leid geführt. Auch was die Art und Weise betrifft, wie das Weltall und die Menschen entstanden sind, bleiben noch einige Fragezeichen. Das hat fast vierzehn Milliarden Jahre gedauert: Hätte das nicht etwas einfacher und schneller gehen können? Milliarden von Jahren lang haben höchstens bedeutungslose Wesen auf der Erde gelebt. Im ganzen Weltall passiert außerdem noch immer ständig etwas. Ist ein Schöpfer nicht gerade für die wichtigen Dinge da?

Wir wissen zu wenig, um etwas Sinnvolles darüber zu sagen. Andererseits ist es auch egal, wie lange es dauerte, bevor wir da waren. Wie wichtig ist es, wie lange Rembrandt an seinen Bildern malte oder Johann Sebastian Bach für seine Kompositionen brauchte? Nur das Ergebnis zählt. Außerdem gibt es auch eine Menge Gründe, doch an einen Schöpfer zu glauben.

ALLES HAT EINEN GRUND

Einer davon ist, dass alles eine Ursache hat. Versuch mal, dir etwas auszudenken, das einfach so aus sich selbst heraus entstanden ist, ohne Ursache. Das wird dir nicht gelingen. Du bist da, weil du Vorfahren hast. Diese Vorfahren haben sich einst aus dem ersten Leben auf Erden entwickelt. Das Leben ist dank komplizierter Moleküle wie DNA und Eiweißen entstanden. Diese Moleküle wiederum stammen aus anderen, etwas weniger komplizierten Molekülen. Die wiederum sind aufgrund chemischer Reaktionen auf der Erde oder auf anderen Planeten entstanden. Die Planeten stammen von explodierten Sternen. Und so weiter. Alles, was existiert, hat eine Ursache, stammt von etwas anderem. Alles. Bis du beim allerersten Anfang angekommen bist. Aber dieser allererste Beginn des Weltalls muss natürlich auch eine Ursache haben. Und dann gelangst du zu einem Schöpfer. Die Schwierigkeit liegt nur darin, dass der Schöpfer selbst auch wieder eine Ursache haben muss. Den Gläubigen zufolge ist er selbst seine eigene Ursache. Der Schöpfer war immer da. Wir Menschen können das ihrer Ansicht nach nur nicht verstehen.

DIE EINFACHSTE LÖSUNG IST MEIST RICHTIG

Ein anderer Grund, an einen Schöpfer zu glauben, hat mit Einfachheit zu tun. Stell dir vor, du hast einen Welpen und gehst nur kurz aus dem Zimmer. Bei deiner Rückkehr findest du dreitausend Federn, verteilt über das ganze Zimmer. Ein Kissen, das auf dem Sofa lag, ist total zerfetzt. Rund um das kleine Hundemaul kleben die meisten Federn. Was glaubst du, ist da passiert? Hast du eine Idee? Es kann sein, dass Nachbars Katze das Kissen zerrissen und die Federn auf die Schnauze deines Hundes geklebt hat, damit es so aussieht, als wäre er schuld. Oder ein Miniraumschiff mit bösartigen Außerirdischen ist zu dir nach Hause geflogen und auf dem Kissen gelandet. Dein Hund hat das Kissen nur geschüttelt, um die Aliens zu verjagen. Oder ... stimmt vielleicht doch, was du als Erstes dachtest? Meistens ist die einfachste Lösung die richtige. Das gilt auch in der Wissenschaft. Die einfachste und logischste Erklärung für ein Problem ist fast immer die richtige.

WARUM IST DA ETWAS UND NICHT EINFACH NICHTS?

Die Vorstellung, dass es einen Schöpfer gibt, der das Weltall geschaffen hat, ist bedeutend einfacher als alle momentan vorhandenen Erklärungen der Wissenschaft für die Entstehung der Erde. Nimm nur mal die Quantenfluktuationen. Warum gibt es die? Woher kommen sie? Warum ist da nicht einfach nichts? Und wie kann aus so einer winzig kleinen Fluktuation ein komplettes Weltall mit allem Drum und Dran entstehen? Da ist die Vorstellung, dass es jemanden gegeben hat, der das alles geschaffen hat, viel einfacher, und damit vielleicht eine bessere Lösung.

Aber die einfachste Lösung ist nicht immer die beste. Früher dachte man, ein Gewitter entstünde, weil die Götter mit Blitzen warfen. Heute wissen wir: Der Grund für die Entstehung eines Gewitters ist eine *Potenzialdifferenz, die durch Ladungstrennung und Ionisierung entstanden ist.* Klingt kompliziert, was? Stimmt. Und es ist sogar noch viel schwieriger, wenn du es genau verstehen willst, das überspringen wir deswegen. Die Geschichte von Göttern, die mit Blitzen werfen, ist viel einfacher. Trotzdem ist die komplizierte Geschichte in diesem Fall die richtige.

100 AUTOREN GEGEN EINSTEIN

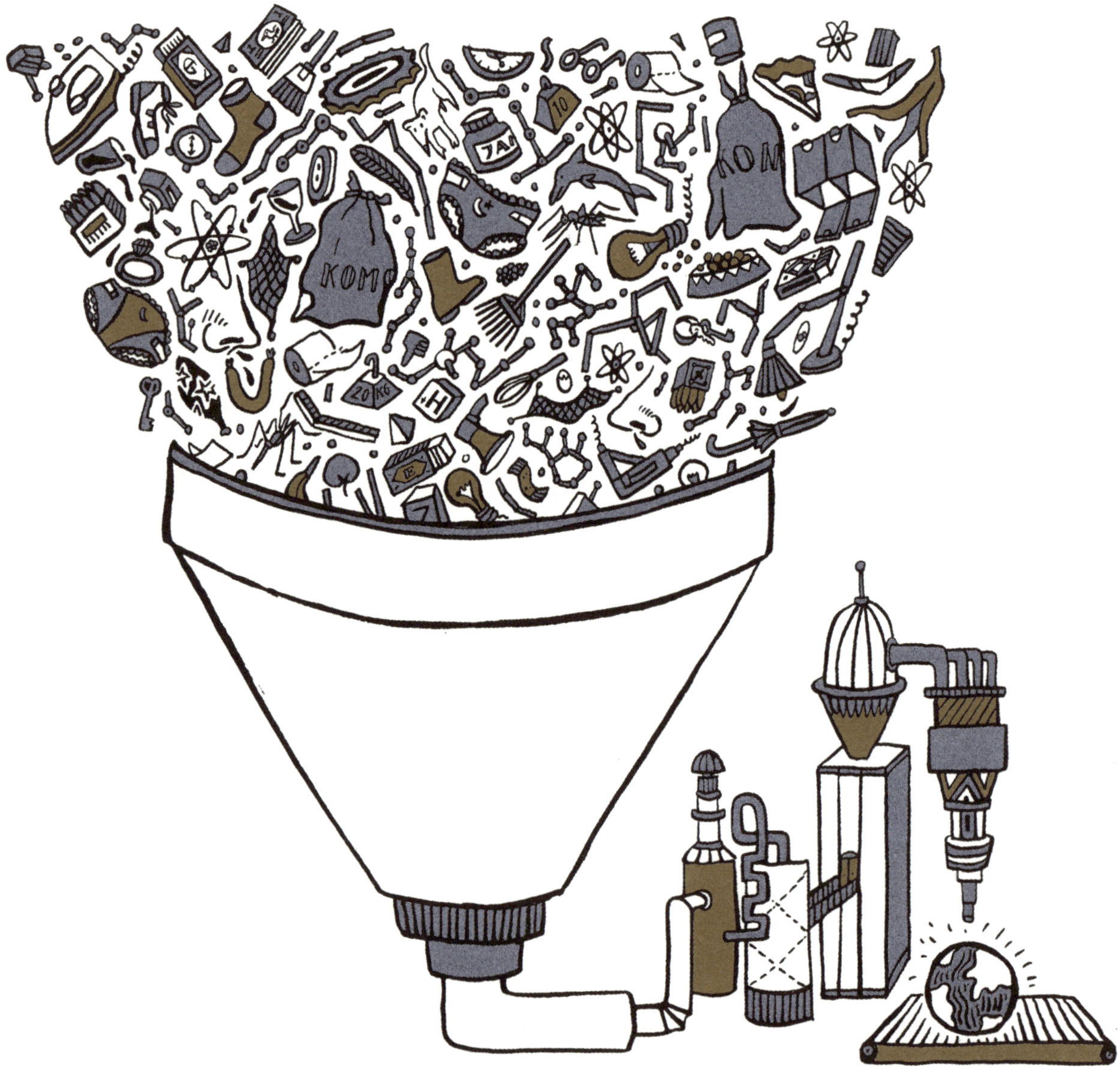

Vielleicht haben dich die vorigen Argumente für das Vorhandensein eines Schöpfers noch nicht ganz überzeugt. Es gibt auch noch mehr Gründe. Beispielsweise ist es schon sehr besonders, dass aus diesem Atomchaos nach dem Urknall ganze Planeten entstanden sind und auf mindestens einem dieser Planeten Lebewesen. Und nicht einfach irgendwelche, sondern Menschen. Manche dieser Menschen können so ergreifende Musik machen, dass dir die Tränen kommen. Andere können so wunderbare Geschichten schreiben, dass du Gänsehaut davon bekommst. Wieder andere Menschen haben so tolle Ideen, dass sie Millionen von Menschen dazu inspirieren, die Welt etwas schöner zu machen. Sind diese Menschen zufällig entstanden? Viele Leute können das kaum glauben. Mir selbst geht es auch so, wenn ich sehr schöne Musik höre oder etwas Besonderes erlebe.

Manchmal scheint es, als hätte das Weltall zielstrebig darauf hingearbeitet, Wesen wie uns Menschen zu machen. Es hat zwar ein paar Milliarden Jahre und eine Menge Energie gekostet, aber es hat sich auch gelohnt.

WUNDER VON EINEM SCHÖPFER?

Es gibt auch Menschen, die an einen Schöpfer glauben, weil sie denken, sie hätten ihn gesehen oder gehört. Oder sie haben etwas anderes Wunderbares erlebt. Sie sind beispielsweise nach einem Gebet auf wundersame Weise von einer unheilbaren Krankheit genesen. Versuch dann mal, *nicht* an einen Gott zu glauben, wenn du so etwas erlebt hast. Außerdem muss man nicht immer einen guten Grund haben zu glauben, dass es einen Schöpfer gibt. Manche Menschen haben noch nie etwas Besonderes erlebt und glauben doch aus voller Überzeugung an einen Schöpfer. Die meisten von ihnen wurden gläubig erzogen und in einem solchen Fall ist das dann nicht so überraschend. Wenn du dein ganzes Leben lang gehört hast, dass es einen Schöpfer gibt, glaubst du wahrscheinlich auch daran. Darum findet man so viele Muslime in islamischen Ländern, Hindus zum Beispiel in Indien und einigen Nachbarländern und Christen im Westen. Aber manche Menschen wurden überhaupt nicht gläubig erzogen und werden trotzdem gläubig. Und das Umgekehrte kommt natürlich auch vor: Gläubige werden ungläubig.

BESSER EIN GUTER GRUND ALS HUNDERT SCHLECHTE

Die Liste mit Gründen, warum man an einen Schöpfer glauben kann, ist noch viel länger. Aber es geht nicht darum, wie viele Argumente es dafür gibt, sondern darum, wie gut die sind. So erschien 1931 ein Buch von hundert Autoren, die nicht mit Einstein einer Meinung waren. Das Buch hieß daher auch »Hundert Autoren gegen Einstein«. Der große Gelehrte selbst reagierte darauf ganz fröhlich und gelassen. Er sagte: »Wenn ich falsch läge, hätte ihnen ein Autor schon gereicht.« Nun hatte Einstein wahrlich nicht immer recht – die hundert Autoren lagen jedoch allesamt falsch.

Es geht also auch nicht darum, was die meisten Menschen denken, sondern darum, was die Menschen mit dem meisten Wissen und Verstand davon halten. Daher ist es auch interessant zu erfahren, was Einstein selbst darüber dachte: Er wusste nicht, was er glauben sollte. Seiner Ansicht nach könnte durchaus etwas Göttliches existieren, aber in unserem Leben kommen wir doch nie dahinter. Und an die vorhandenen Religionen glaubte er nicht. Gott könnte seiner Ansicht nach eher aus allem und jedem im Universum bestehen. Mit allen Gedanken, Vorstellungen und Gefühlen bilden wir zusammen mit allem im Weltall *einen* Gott. Auf jeden Fall, so meinte Einstein, sei unser Verstand zu begrenzt, um dahinterzukommen, wie es wirklich ist. Einstein hilft uns in dieser Frage also auch nicht weiter. Aber ... wir haben es noch nicht geschafft. Das Wichtigste kommt erst noch.

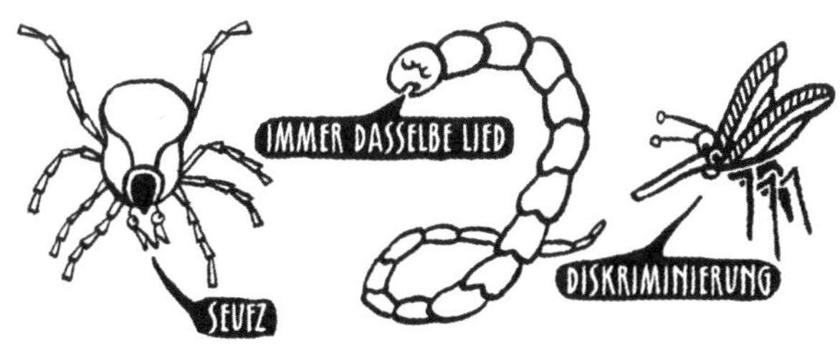

EINE SCHÖPFUNG MIT MEHR ERDMÄNNCHEN UND WENIGER MÜCKEN

Ein Kunstwerk sagt viel über seinen Macher. Wenn es also einen Schöpfer gibt, muss er Zecken, Läuse und Maden sehr lieben, denn es gibt viele von ihnen auf der Erde. Und erst recht Käfer, denn von ihnen gibt es gleich zehntausend verschiedene. So kann ich noch eine Weile weitermachen: Matsch, Mücken, Nieselregen. Wir würden uns selbst eine andere Welt ausdenken als diese. Wenn wir selbst eine Erde schaffen könnten, würden wir ohne Zögern eine mit besserem Wetter entwerfen. Und wir würden nicht Zehntausende Käferarten auf die Welt setzen, sondern vielleicht ein paar mehr Erdmännchen und Waschbären. Wir würden die Mücken, Läuse und Fruchtfliegen einfach übergehen. Und wir würden unbedingt dafür sorgen, dass wir nicht mehr aufs Klo müssen. So gibt es etliche Möglichkeiten, die Schöpfung zu verbessern, könnte man meinen.

Obwohl: Stell dir mal vor, es gäbe so viele Erdmännchen wie Mücken. Das willst du auch nicht! Und die zehntausend Käferarten machen ihre Arbeit auf der Erde auch prima. Vielleicht ist das Weltall ja doch besser konstruiert, als wir glauben. Denn der beste Grund, an einen Schöpfer zu glauben, ist gerade die Tatsache, dass das Weltall perfekter als perfekt ist ...

8 URGROSSELTERN, 16 URURGROSSELTERN, 32 URURUR...

Hast du mal darüber nachgedacht, was für ein Zufall es ist, dass du, ausgerechnet du, hier auf Erden bist? Wenn sich deine Eltern nicht begegnet wären, gäbe es dich nämlich gar nicht. Aber deine Eltern hätte es nicht gegeben, wenn deine Großeltern sich nicht begegnet wären. Diese vier Großeltern wiederum verdanken ihr Leben deinen acht Urgroßeltern. Also auch deinen sechzehn Ururgroßeltern und zweiunddreißig Ururur... Du verstehst schon: So kannst du sehr, sehr, sehr lange weitermachen. Und weißt du was? Ein einziges Hindernis in dieser endlosen Reihe hätte schon gereicht, um dafür zu sorgen, dass du nicht auf der Welt wärest. Dein Leben ist die Folge einer Aneinanderreihung von unvorstellbar vielen Zufällen.

Andererseits ist das mit dem Zufall vielleicht gar nicht so tragisch. Wenn einer deiner männlichen Vorfahren zum Beispiel nicht existiert hätte, wäre deine weibliche Vorfahrin vielleicht mit einem anderen Mann verheiratet gewesen und daraus wären auch wieder Kinder entstanden. Du wärst dann nie geboren worden. An deiner Stelle gäbe es möglicherweise Dina Mielke und Marco Wuttke, die es jetzt nicht gibt. Sie hätten es dann einen extrem großen Zufall gefunden, dass es ausgerechnet sie gibt.

WENN ES KEINEN MOND GEGEBEN HÄTTE

Dasselbe gilt für das Leben auf unserem Planeten. Stell dir vor, es wäre kein Mond um die Erde gekreist. Dann hätte das Leben auf der Erde ganz anders ausgesehen. Nachts gäbe es viel weniger Licht. Dann hätten mehr Lebewesen wie Fledermäuse auf der Erde gelebt, Tiere, die im Dunkeln so etwas wie ein »Echo-Sinnesorgan« nutzen. Oder stell dir vor, die Sonne wäre weiter von uns entfernt gewesen. Dann wäre es hier kälter gewesen und es wären weniger Reptilien herumgekrochen, denn sie brauchen die Sonne, um warm zu werden. Statt der Reptilien hätte es bestimmt mehr Tiere mit einem dicken Fell gegeben. Übrigens – ohne Mond oder mit einer so weit entfernten Sonne hätte es uns wahrscheinlich auch nicht gegeben. Vielleicht hätten dann ja Wesen auf der Erde gelebt, die viel intelligenter wären als wir. Wesen, denen es mühelos gelingt, einen Bettbezug zu wechseln, oder Wesen, die Verpackungen entwerfen können, aus denen man auch den letzten Rest Ketchup leicht herausbekommt. Oder die uns mit Gewissheit sagen können, wie unser Weltall entstanden ist ...

WARUM TREIBT EIS AUF DEM WASSER?

Oder denk dir mal den Fall, dass die Naturgesetze ganz anders funktionieren würden. Zum Beispiel Wasser: Fast alle Stoffe schrumpfen, wenn sie kälter werden. Wasser dagegen dehnt sich aus. Wäre das nicht der Fall, wäre kein Leben auf der Erde möglich. Denn weil Wasser sich ausdehnt, wenn es friert, ist Eis, das den gleichen Raum einnimmt wie Wasser, leichter als dieses. Das ausgedehnte Eis hat weniger Moleküle pro Kubikzentimeter als Wasser. Ein Kubikzentimeter Eis ist daher weniger schwer und treibt oben. Würde das Eis sinken, entstünde eine dicke Eisschicht am Boden von kalten Stellen, wie am Nordpol und am Südpol. Die Eiseskälte über dem Meerwasser würde dafür sorgen, dass dessen oberste Schicht dort immer wieder schnell gefriert und auch wieder sinkt. Und so käme immer mehr Eis dazu. Die Umgebung der Pole würde sich schon bald in einen einzigen großen Eisklumpen verwandeln. Dadurch würden die Meere viel kälter werden und auch schneller zufrieren. Schließlich würde die ganze Erde zu einer großen Eiskugel werden. Aber vielleicht hätte dieses »Sinkeis« ja auch wiederum das Leben auf einem ganz anderen Planeten ermöglicht. Das könnte sein.

GAR KEINE WELT

Wenn es keine Verdunstung gäbe, hätten wir keinen Regen. Wenn Bäume und Pflanzen keinen Sauerstoff produzierten, würde es vollkommen andere Tiere geben. Würde warme Luft nicht nach oben steigen, müssten wir vor Hitze ersticken. Und so kannst du noch viel mehr aufzählen. Die auf der Erde geltenden Naturgesetze haben unser Leben erst ermöglicht. Würden sie anders funktionieren, gäbe es uns nicht. Aber vielleicht wären dann ganz andere Tiere und Pflanzen entstanden oder es hätte sogar überhaupt kein Leben gegeben. Alles Leben auf der Erde hängt vom Zufall ab.

Und doch ist kein Zufall wie der andere. Denn du kannst diese Art Fragen auch zu unserem Weltall stellen und das ist dann eine ganz andere Geschichte. Ein paar winzige Änderungen hätten schon gereicht, um dafür zu sorgen, dass es gar keine Welt gäbe ...

1000 000 000 TEILCHEN UND 999 999 999 ANTITEILCHEN

Weißt du noch, dass ein kleines bisschen mehr Teilchen als Antiteilchen entstehen? Wenn eine Milliarde Teilchen entstehen, sind es ungefähr 999 999 999 Antiteilchen. Wäre das nicht so, hätten wir keine Sterne und Planeten. Dann hätte es zu viele Teilchen gegeben, um Sterne zu machen – oder vielleicht zu wenige. Dasselbe gilt für die Quantenfluktuationen. Wären sie auf eine nur geringfügig andere Weise entstanden, wären auch keine Sterne möglich gewesen. Und wären die Teilchen beim Urknall auch nur einen Tick schneller oder langsamer auseinandergeflogen, hätten wir entweder ein ziemlich leeres Universum gehabt oder alles wäre schon längst wieder zusammengekracht. Wäre Dunkle Materie nur etwas leichter oder schwerer gewesen, hätten wir keine Galaxien und deswegen auch viel weniger Sterne und Planeten. Würde das Higgs-Feld eine Spur fester oder etwas weniger fest anziehen, hätten wir keine Atome. Wäre die Kraft, die die Quarks in einem Atomkern zusammenhält, ein klein wenig stärker oder weniger stark, auch nicht.

DAS STÄRKSTE ARGUMENT FÜR EINEN SCHÖPFER

So kann ich problemlos noch eine Reihe von Beispielen nennen. Die Liste ist unglaublich lang. Und noch eins: Wäre nur eine einzige dieser Zahlen ein ganz klein wenig anders gewesen, wäre ein vollkommen lebloses Weltall entstanden. Oder sogar überhaupt kein Weltall. Alles musste ganz exakt so passen, genau wie es deine Vorfahren gegeben haben muss, damit es dich gibt.

Die Wahrscheinlichkeit, dass jede einzelne dieser Zahlen zufällig genau stimmt, ist unsagbar klein. Wie klein? Kleiner als die Wahrscheinlichkeit, dass ein Kaninchen auf der Tastatur deines Computers herumhüpft, dabei ein Rezept für eine Möhrentorte eintippt, hierauf aus Versehen dein Mailprogramm öffnet und das Rezept schließlich rein zufällig zum nächstgelegenen Bäcker schickt. Diese Chance ist so winzig klein, dass viele Menschen gar nicht mehr an Zufall glauben, sondern daran, dass dahinter ein Schöpfer steckt. Dieser Schöpfer ist dann derjenige, der sich all die Naturgesetze ausgedacht hat. So verrückt ist diese Vorstellung gar nicht. Tatsächlich klingt sie sogar besonders logisch.

EIN FLUGZEUG AUS EINEM SCHROTTHAUFEN

Dennoch ist das noch kein endgültiger Beweis dafür, dass es einen Schöpfer gibt. Vor einiger Zeit gab es einen Sternforscher, der fand, das Leben auf Erden hätte nie von selbst beginnen können. Er behauptete, die Wahrscheinlichkeit, dass Moleküle spontan entstanden wären und erste Lebewesen ermöglicht hätten, wäre viel zu klein, um wahr zu sein. Er meinte, diese Wahrscheinlichkeit sei genauso groß wie die, dass ein Tornado über einen Schrotthaufen fegt und aus allen Einzelteilen eine Boeing 747 baut.

Aber mittlerweile wissen wir etwas besser, wie das Leben entstanden ist und dass diese Wahrscheinlichkeit gar nicht so klein ist. Also ist die Perfektion unseres Weltalls vielleicht doch kein Zufall und es steckt eine logische Erklärung dahinter. Auf jeden Fall können wir darüber noch nichts mit Gewissheit sagen. So bleibt die enorme Zufälligkeit unseres Universums ein ausgezeichneter Grund für die Existenz eines Schöpfers. Aber welche Erklärung haben die nichtgläubigen Wissenschaftler denn zurzeit für die Tatsache, dass alles in unserem Weltall so perfekt stimmt?

1000 MAL IM LOTTO GEWINNEN

Unser Weltall ist so gut wie perfekt. Und das kann kein Zufall sein. Oder doch? Denn welche Erklärung hat die Wissenschaft dafür nun eigentlich? Nun, manche Leute sagen, es sei ganz bestimmt Zufall gewesen. Zufall gibt es nun einmal. Es gibt Glückspilze, die zweimal im Lotto gewinnen. Die Wahrscheinlichkeit ist auch ungeheuer klein, es kommt aber vor. Bloß kann man die Chance, dass das Weltall so exakt gut »eingestellt« ist, mit der Wahrscheinlichkeit vergleichen, etwa tausend Mal im Lotto zu gewinnen. Das ist dann schon *sehr* viel Zufall. Wieder andere sagen daher, unser Weltall sei nun einmal so konstruiert, weil es gar nicht anders sein kann. Sonst wären wir schließlich nicht da. Oder: Das Weltall ist da, weil wir da sind. Das ist auch kein zwingender Grund. Fällt den Wissenschaftlern denn nichts Besseres ein? Ja, schon, aber die Erklärung ist noch verrückter als die vorherigen Lösungen: Vielleicht gibt es nicht nur ein Weltall, sondern mehrere. Keine zwei oder drei. Keine Million oder Milliarde. Sondern unsagbar viele. Es könnte sogar unendlich viele Universen geben.

DAS WELTALL ALS PHYSIKEXPERIMENT EINES MITTELSTUFENSCHÜLERS

Uff, das klingt ja vollkommen absonderlich! Und trotzdem ist es irgendwie auch noch logisch, denn Quantenfluktuationen kommen überall vor. Also können ständig verrückte Sachen passieren. Unser Weltall ist wahrscheinlich aus einer solchen Quantenfluktuation entstanden und deswegen könnte so etwas durchaus ständig wieder geschehen. Das heißt, es gäbe einen Urknall nach dem anderen und die müssten gar nicht perfekt sein. Fast alle Welträume, die so entstünden, würden total danebengehen, weil dort andere Naturgesetze gelten. Oder es käme nicht mal zu einem Urknall. Aber weil so unvorstellbar viele Welträume entstehen würden, wären sicher auch ein paar dabei, die eine Weile durchhalten.

Und vielleicht sogar ein paar, die genauso gut konstruiert wären wie unser Weltall. Dann gäbe es nicht ein Universum, sondern ein **Multiversum** verschiedener Welträume.

Könnte es wirklich sein, dass Welträume so einfach entstehen? Vielleicht schon. Es gibt sogar Wissenschaftler, die glauben, dass wir in Zukunft selbst auch Welträume schaffen können. Stell dir nur mal vor: Vielleicht werden wir als Menschen irgendwann einmal so intelligent, dass die Herstellung eines Universums zum physikalischen Experiment an einer weiterführenden Schule wird! Oder noch verrückter: Vielleicht wurde unser Weltall ja von einem Mittelstufenschüler gemacht! Das würde auch eine Menge erklären. Aber kommt es denn nicht zu einer gewaltigen Explosion, wenn man ein Weltall macht? Nein. Das neue Weltall würde sich in sich ausdehnen. Der Raum wäre so gekrümmt, dass es für den Macher so klein bliebe wie ein winziges Teilchen. (Nein, das kapiere ich selbst auch nicht. Und es hört sich an wie ein unglaublicher Blödsinn, aber das haben sich Menschen ausgedacht, die als Einzelne schlauer sind als ein ganzes Wasserpolo-Team zusammen. Also nehme ich es doch einfach mal ernst.)

WIE VERLÄSST MAN UNSER UNIVERSUM?

Die Multiversum-Vorstellung ist nicht ganz unlogisch. Vor allem dann nicht, wenn man bedenkt, dass das Multiversum unendlich alt und unendlich groß sein kann. Aber das Ganze ist schon mit ziemlichen Schwierigkeiten verbunden. Ganz entscheidend ist: Wir können unmöglich beweisen, dass es stimmt, denn wir können wohl kaum raus aus unserem eigenen Weltall und schauen, wie es da draußen so ist – dem eigenen Weltall zu entkommen ist ausgesprochen kompliziert! Es ist ja schon unmöglich, unsere Milchstraße zu verlassen. Außerdem – wo wäre dann wohl der Rand unseres Weltalls? An welcher Stelle müsste man da entwischen? Mit Berechnungen und Formeln kommt man auch nicht dahinter, ob es ein Multiversum gibt.

WIE ERNST MÜSSEN WIR DIE SACHE MIT DEM MULTIVERSUM NEHMEN?

Trotzdem – egal wie man es dreht und wendet: Die Vorstellung eines Multiversums klingt höchst merkwürdig. Doch mittlerweile glauben viele große Genies, dass es wirklich existiert. Drei dieser Genies waren vor ein paar Jahren auf einem Kongress und man stellte ihnen die Frage: »Was würden Sie darauf verwetten, dass die Vorstellung eines Multiversums richtig ist? Ihren Goldfisch, Ihren Hund oder Ihr Kind?« Zwei der Experten waren so überzeugt vom Multiversum, dass sie sich trauten, ihren Hund für die Wette einzusetzen. Der dritte Wissenschaftler sagte, er würde sogar sein eigenes Leben drauf wetten. Später stellte man einem anderen Wissenschaftler dieselbe Frage. Er antwortete, er sei seiner Sache so sicher, dass er die Hunde der beiden ersten Wissenschaftler und das Leben des dritten einsetzen würde.

Das war natürlich ein Scherz, aber für immer mehr Physiker und Astronomen ist das Multiversum die logischste Erklärung. Sehr viele Experten glauben an diese Theorie. Außerdem schließt die Vorstellung eines Multiversums einen Schöpfer auch nicht aus, denn wenn ein Schöpfer unser Universum machen kann, muss ein Multiversum auch möglich sein ...

UNENDLICH VIEL ROTZ

Wenn es unendlich viele Welträume gibt, dann hat das sehr seltsame Folgen. Unendlich ist ziemlich viel, aber das hast du wahrscheinlich schon vermutet. Man kann kaum fassen, wie viel das ist, aber wir werden es doch versuchen, und zwar mit einer imaginären Bingomaschine. Stell dir mal vor, du hättest so eine Bingomaschine, die nacheinander Kugeln fallen lässt. In dieser Maschine sind nur vier Kugeln mit den Ziffern von 1 bis 4. Wie wahrscheinlich ist es, dass diese in exakt der Reihenfolge 1, 2, 3, 4 aus der Maschine kommen? Nicht sehr groß.

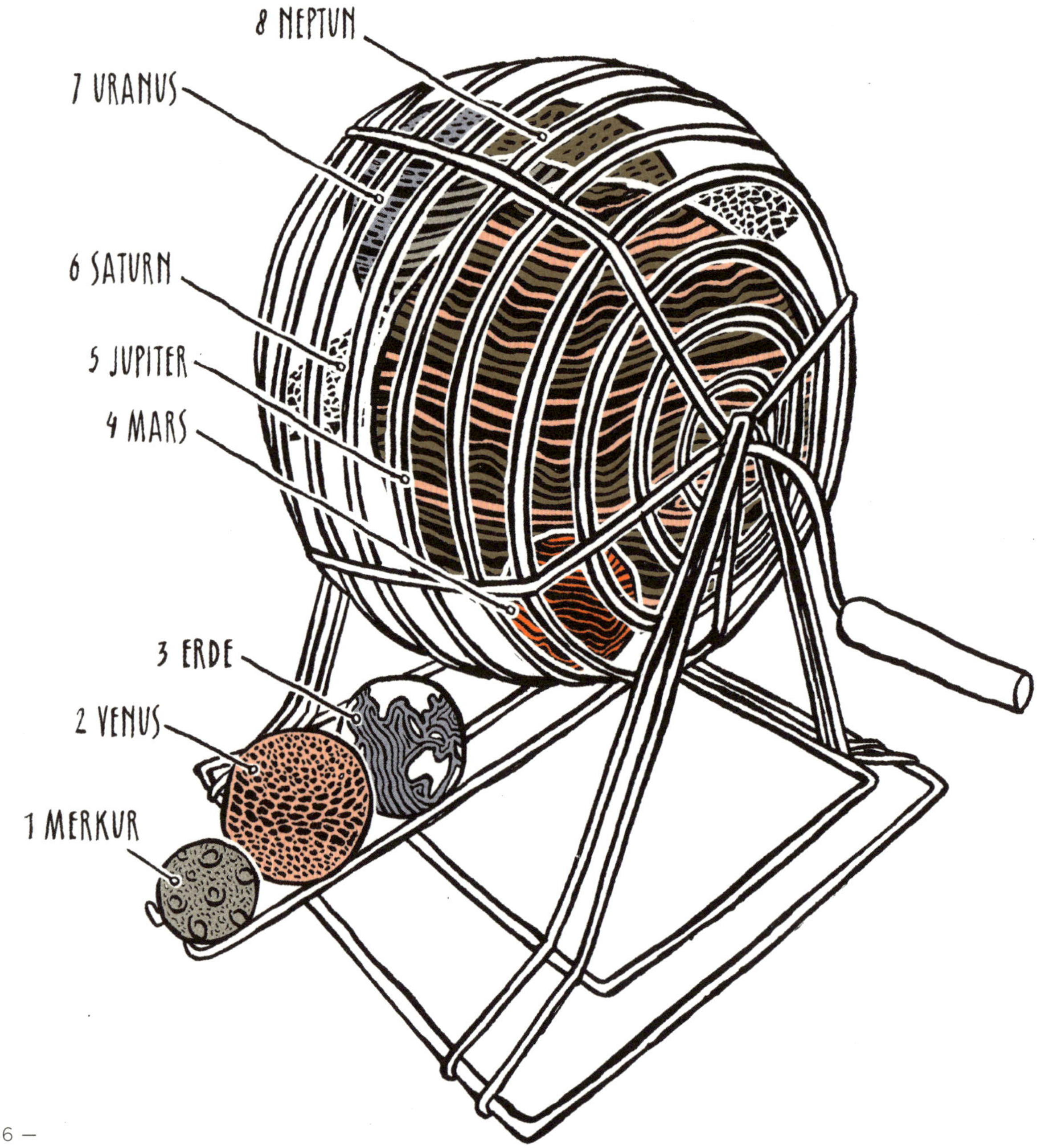

EWIG BINGO SPIELEN

Die erste Kugel muss schon gleich die richtige sein und diese Wahrscheinlichkeit beträgt eins zu vier. Das bedeutet, dass du im Durchschnitt bei einer von vier Bingoziehungen einmal die richtige Kugel hast. Aber dann hast du es noch nicht geschafft: Die zweite Kugel muss auch stimmen. Es sind drei Kugeln übrig, also ist die Chance etwas größer: eins zu drei. Bei der nächsten Ziehung sind nur noch zwei Kugeln übrig: eins zu zwei. Mit der letzten Kugel kann nichts schiefgehen. Wenn die anderen drei richtig sind, kann es sich hierbei nur um Kugel Nummer vier handeln. Um die Wahrscheinlichkeit zu berechnen, musst du jetzt ein Viertel mit einem Drittel und einem Halben multiplizieren, dann landest du bei einem Vierundzwanzigstel. Also bekommst du im Durchschnitt bei vierundzwanzig Bingoziehungen ein einziges Mal genau die richtige Reihenfolge. Das sollte durchaus innerhalb einer Stunde klappen.

Bei fünf Kugeln reicht auch noch ein Tag. Dafür musst du ein Vierundzwanzigstel mit fünf multiplizieren. Dann bekommst du bei durchschnittlich hundertzwanzig Ziehungen die richtige Reihenfolge. Aber bei zehn Kugeln wird es natürlich schon schwieriger. Trotzdem ist es noch immer nicht sehr besonders, wenn es klappt. Wenn du lange genug durchhältst, passiert es von allein. Bei einer Million Kugeln ist die Wahrscheinlichkeit, dass du sie alle in der richtigen Reihenfolge bekommst, so klein, dass du fast ewig weitermachen musst, bevor es gelingt. Bloß ... unendlich ist ewig lang: Es ist also möglich!

ARIANA GRANDE IM SAND

Ein anderes Beispiel: Du hat ein großes Glas mit Schraubverschluss. Dieses Glas befüllst du zur Hälfte mit schwarzem Sand. Darüber schüttest du weißen Sand. So bekommst du zwei schöne Lagen: eine dunkle unten und eine weiße oben. Jetzt schraubst du den Deckel darauf und fängst an zu schütteln. Was passiert? Die beiden Schichten vermischen sich. Je länger du schüttelst, desto besser wird gemischt. Wie groß ist die Wahrscheinlichkeit, dass die Sandkörnchen zum Schluss wieder genauso geschüttelt sind, dass die dunklen unten und die weißen oben liegen? Unglaublich klein. Aber wenn du unendlich lange weiterschüttelst, passiert es von allein. Wie oft? Letztlich unendlich oft! In der Zwischenzeit siehst du auch ein hübsches kariertes Muster, das Gesicht von Ariana Grande und sogar den Umschlag dieses Buchs unendlich oft im Sand ... Weil es geschehen kann, wird es geschehen. Wenn du nur lange genug Zeit hast. Und unendlich ist lang. Und viel. Und groß.

WARUM DU VIELLEICHT NICHT DAS EINZIGE DU BIST

Jetzt kommt es. Wenn es unendlich viele Universen gibt, weil das Multiversum unendlich groß und unendlich alt ist, dann müssen manche dieser Universen genau gleich sein. Denn die Anzahl der Atome in unserem Weltall ist nicht unendlich! Der Raum in unserem Weltall ist auch nicht unendlich. Genau wie die Bingokugeln und die Sandkörner nicht unendlich sind. Wenn es also unendlich viele Universen gibt, bedeutet das auch, dass es Universen gibt, die genauso aussehen wie unseres. Wie viele? Du wirst es schon erraten haben: unendlich viele. Das heißt, dass unendlich viele Planeten wie die Erde existieren müssen. Mit unendlich vielen und genau den gleichen Tieren und Pflanzen und mit unendlich vielen Menschen, Menschen wie uns. Unendlich vielen Dus und Ichs. Unendlich viel Pizza. Unendlich vielen 100-Euro-Scheinen. Und unendlich viel Rotz.

3,33333333333333...

Es gibt nicht nur die Vorstellung vom Multiversum, sondern noch eine weitere wissenschaftliche Theorie, in der sehr viele Universen vorkommen. Das ist die Theorie der **Paralleluniversen**. Die steht in enger Verbindung mit der Quantenmechanik. Wir wissen, dass Photonen und andere kleine Gegenstände sich wie Wellen und wie Teilchen verhalten können. Ganz kurz sind sie dann Teilchen und Welle zugleich. Und schließlich ist es entschieden: Sie werden Teilchen oder Welle. Manche Wissenschaftler glauben, dass jedes Mal, wenn die Entscheidung fällt, eine neue Welt entsteht. In unserer Welt wird das Photon eine Welle, in der parallelen Welt ein Teilchen. Es gibt unvorstellbar viele kleine Teilchen, also müssen am laufenden Band unglaublich viele neue Welten dazukommen.

Das ist eine absonderliche Theorie. Aber sehr viele außergewöhnlich brillante Menschen sind davon überzeugt, dass sie stimmt und dass wir sie irgendwann sogar beweisen können ...

EINE UNENDLICHE ENTFERNUNG IN NEUNZEHN SCHRITTEN

Unendlich ist seltsam. Man kann es sich nicht vorstellen und es hat etwas Unwirkliches. Als könnte unendlich nicht einmal wirklich existieren. Auf der anderen Seite ist unendlich irgendwie auch wieder weniger groß, als du vielleicht denkst. Ich kann zum Beispiel die Entfernung zwischen meinem Computer und meinem Kühlschrank in unendlich viele kleine Strecken aufteilen. Ich kann sie halbieren, dann beträgt die Entfernung zwei Hälften. Ich kann diese Entfernung vierteln, dann bekomme ich vier Viertel. So geht es auch mit zehn Zehntel und hundert Hundertstel. Millionen Millionstel. Trillionentrilliarden Trillionentrilliardstel ... bis zu unendlich vielen Unendlichstel. Das bedeutet, dass ich von meinem Computer bis zum Kühlschrank unendlich viele Entfernungen zurücklegen muss! Gut, diese Entfernungen sind klein, aber es sind dennoch unendlich viele. Trotzdem gelingt es mir, meinen Kühlschrank mit neunzehn Schritten zu erreichen. Das habe ich oft genug ausprobiert.

UNENDLICH IST IRRE

Unser Gehirn hat nun einmal Mühe mit der Unendlichkeit. Aber das heißt nicht, dass es unendlich nicht gibt. In der Mathematik ist es die normalste Sache der Welt. Wenn du 10 durch 3 teilst, bekommst du unendlich viele Dreier: 3,33333333333333... und so weiter. Das hört nie auf, rechne es ruhig nach! Angenommen, das Multiversum ginge unendlich weit zurück, lange bevor unser Universum entstanden ist. Dann würde das bedeuten, dass du erst alle Dreier hinter dieser 3,3333333333333 aufsagen musst – und erst wenn du damit fertig bist, kann unser Universum anfangen! Aber so funktioniert es nicht. Erinnere dich an das Beispiel der Entfernung zwischen meinem Computer und dem Kühlschrank.

Außerdem gibt es auch noch mehrere Arten von Unendlichkeit. Wenn du von null bis unendlich zählst, ist das nur die kleinste Form von unendlich. Du rechnest dann mit ganzen Zahlen. Aber die Anzahl der Zahlen zwischen 0 und 1 (also zum Beispiel 0,0000001 oder 0,4535475 oder 0,999999999999999234) ist viel größer als die unendliche Anzahl von Zahlen, die du bekommst, wenn du in ganzen Zahlen vorwärts zählst – ob du es glaubst oder nicht.

WENN WIR ES NICHT VERSTEHEN, MUSS EIN GOTT DAHINTERSTECKEN

Unendlichkeit, Multiversen, ein Schöpfer: Vorläufig kommen wir nicht dahinter, woher unser Weltall kommt. Die beste Antwort auf das ganze Problem ist, dass wir es einfach noch nicht wissen. Und dann ist es eine menschliche Eigenschaft, schnell zu glauben, dass ein Gott dahintersteckt. Früher wussten die Menschen nicht, weshalb die Sonne aufgeht, also dachten sie, dass die Sonne ein Gott sei. Sie wussten nicht, wodurch Naturkatastrophen wie Erdbeben entstehen, also glaubten sie, diese würden zur Strafe von einem Gott verursacht. Oder erinnere dich noch einmal an die Blitze, die Götter zur Erde geschleudert haben sollen. Sobald wir etwas nicht verstehen, gehen wir davon aus, dass ein Gott dafür verantwortlich ist – auch wenn das gar nicht der Fall sein muss. Auf der anderen Seite: Früher wussten wir nicht, wie unglaublich genau all diese Naturgesetze aufeinander abgestimmt sind. Manchmal hilft also die Wissenschaft gerade den Menschen, die an einen Schöpfer glauben.

3 STUNDEN ZUM LEBEN

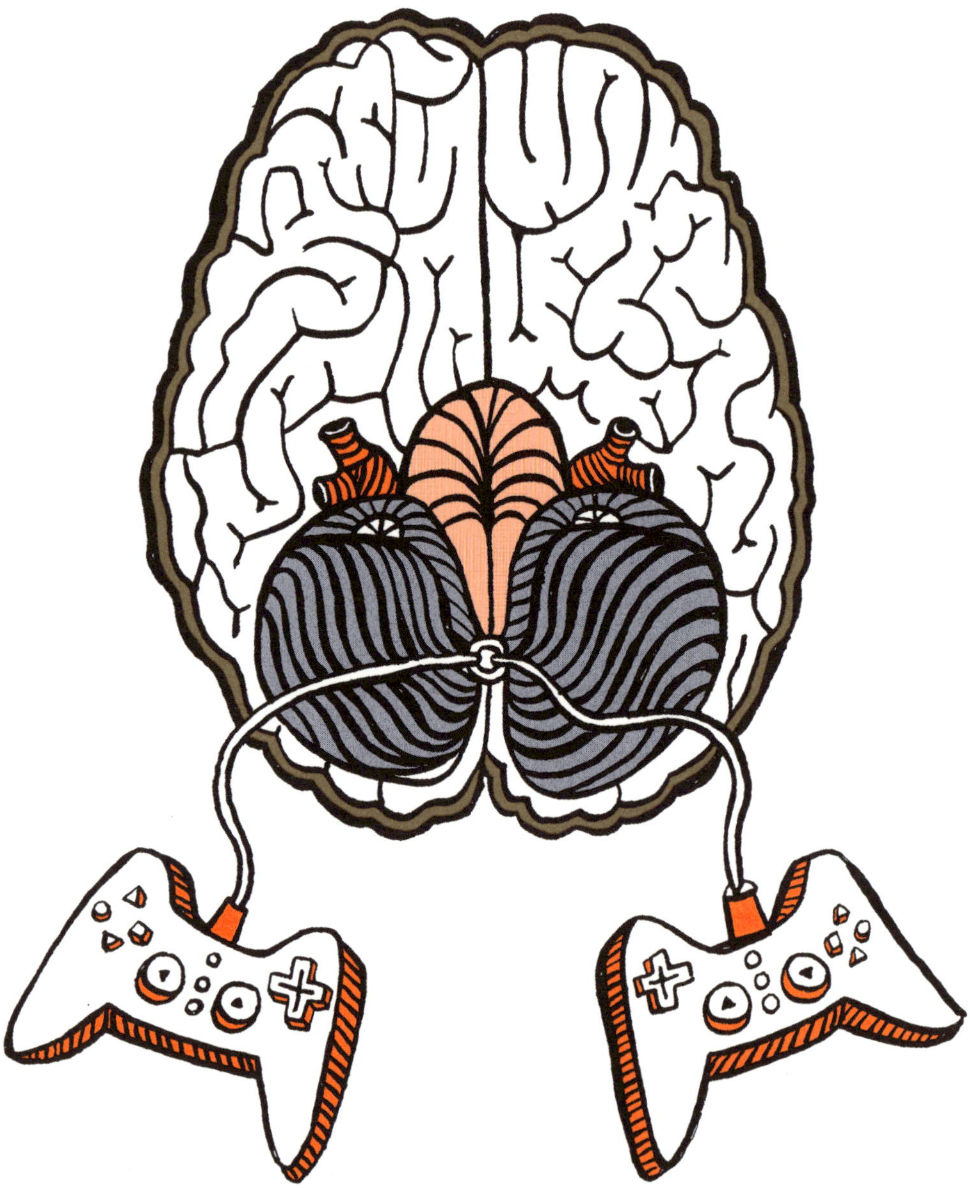

Sind die bizarren Ideen jetzt endlich durch? Ach was – davon gibt es noch viel mehr! Eine von ihnen lohnt es sich bestimmt kennenzulernen. Denn wie sicher bist du, dass du in diesem Moment nicht schläfst? Es könnte doch sein, du träumst, dass du dieses Buch liest. In deinen Träumen ist dir nie bewusst, dass du in Wirklichkeit schläfst. Erst wenn du wach wirst, ist dir klar, dass du die ganze Zeit geschlafen hast. Manche Leute zwicken sich in den Arm, um zu überprüfen, ob sie wohl wach sind. Wenn sie Schmerz empfinden, können sie nicht träumen. Das ist natürlich Unsinn, denn man kann ganz bestimmt träumen, dass man Schmerzen hat.

Kurzum – du weißt nie sicher, ob du träumst oder nicht. Damit weißt du aber nur sehr wenig sicher, denn Träume bestehen zum größten Teil aus Unsinn. Sicher sein kannst du nur, dass du existierst, denn natürlich muss es dich geben, damit du träumen kannst.

IST DEIN LEBEN EIN COMPUTERSPIEL?

Aber ein Traum ist nicht die einzige Möglichkeit. Du könntest auch an einen Computer angeschlossen sein, der alles, was du erlebst, in dein Gehirn programmiert. Dein Leben ist dann eigentlich so eine Art Computerspiel, in dem du alles Mögliche mitmachst. Oder ein Film, in dem du selbst die Hauptrolle spielst. Oder es gibt keine Computer und du wirst auf irgendeine andere Weise zum Narren gehalten. Solche Ideen sind nicht neu. Einige Philosophen und sogar ganze Religionen gehen davon aus, dass unsere Welt ganz anders konstruiert sein könnte, als wir denken. Diese Vorstellung gab es auch schon Jahrhunderte vor Christus.

Was ist logisch an der Traum- oder Computerspieltheorie? Erstens: Sie ist möglich. Es gibt keine Methode, mit der wir testen können, ob wir nicht vielleicht in einer Scheinwelt leben. Zweitens: Es muss ja nicht gleich so ein gigantisches Weltall sein und so unbeschreiblich viel Zeit brauchen wie unser Weltall. Vielleicht existiert ja eine viel einfachere Welt. Drittens: Es würde eine Menge Elend überflüssig machen. Die Kriege, Hungersnöte, Katastrophen und anderes Leid, das man im Fernsehen sieht, müssen dann zum Glück nicht wirklich geschehen. Aber warum erlebst du sie dann in deinem »Traum«? Vielleicht, damit du zu einem weiseren Menschen wirst. Stell dir vor, du würdest nur schöne Dinge erleben. Dann würdest du nie wissen oder erfahren, wie es ist, wenn man einen Rückschlag erleidet. Außerdem ist ein Film, in dem alles immer nur gut geht, außerordentlich langweilig. Den will sich keiner anschauen. Wir möchten am liebsten ein wenig Spannung und ein gutes Ende. Das einzige Problem ist, dass jedes Leben falsch endet: Ein jeder stirbt. Aber vielleicht endet dann ja die Illusion und wir werden in der echten Welt wach? Einer Welt, in der sofort klar wird, wie sie gemacht wurde und von wem (oder von wem nicht).

TRAU DEINEN AUGEN NIE GANZ

Mir selbst sagt diese Idee nicht viel. Aber dahinter steckt noch ein anderer wichtiger Gedanke: Du kannst deinen Sinnesorganen nie ganz vertrauen. Die Erde wirkt flach, die Sonne scheint um die Erde zu kreisen. Die Lage der einzelnen Sternbilder am Himmel ist scheinbar unverrückbar. Aber dieser Schein trügt. In Wirklichkeit ist alles anders. Und vielleicht nehmen wir ja noch viel mehr Dinge falsch wahr. Oder wir sehen viel zu wenig, um alles richtig verstehen zu können.

Hast du schon mal von Eintagsfliegen gehört? Erst leben sie jahrelang als Larven im Wasser. An ihrem letzten Tag verwandeln sie sich in eine Fliege und sehen die Welt endlich von über dem Wasser aus. Die meisten leben nur ein paar Stunden an der Luft. Manche gerade mal ein paar Tage.

Die eine Eintagsfliege kommt an einem sonnigen Tag zum Vorschein. Sie wird nie wissen, dass es so etwas wie Regen gibt. Eine andere fliegt in einen Wald und wird nie erfahren, dass es Wiesen gibt. Wiederum eine andere Eintagsfliege wird sofort gefressen und sieht ziemlich wenig in ihrem Leben. Alle nehmen sie nur ein ganz kleines Stück der Welt wahr – und das auch nur für eine kurze Zeit. Eintagsfliegen wissen fast nichts von der Erde. Sie wissen nicht, was innerhalb der Erde geschieht. Sie wissen nichts von Galaxien und Supernovae. Sie kennen nicht einmal das neuste iPhone.

Im Grunde wissen sie einfach furchtbar wenig. Aber eigentlich geht es in diesem Abschnitt gar nicht um Eintagsfliegen: Es geht um uns. Denn wir sind wie sie. Wir sehen nur einen winzigen Teil des immensen Universums und wir verstehen auch nur einen sehr, sehr kleinen Teil davon. Im Unterschied zu ihnen wollen wir es aber gern wissen und geben uns große Mühe, die Zusammenhänge zu erkennen. Und wir können von unseren Vorfahren und Artgenossen lernen, die schon ein beachtliches Wissen gesammelt haben.

EIN GUTER RAT: DIESES KAPITEL SOLLTEST DU NICHT LESEN, WENN DU DIR DIE LAUNE NICHT VERDERBEN WILLST

Die Alchemisten vom Anfang dieses Buches, die schon so intensiv nach dem Stein der Weisen suchten, waren auch auf der Suche nach dem ewigen Leben. Sie wollten unbedingt entdecken, wie sie für immer jung bleiben könnten. Sie hatten sogar ein Symbol für das ewige Leben: Ouroboros. Das war das Bild einer Schlange, die ihren eigenen Schwanz auffraß. So bildete sie einen geschlossenen Kreis vom Kopf zum Schwanz. Ouroboros brauchte nie Hunger zu leiden, aber das hat garantiert sehr wehgetan! Kurz gesagt: Es geht vielleicht ein wenig zu weit, so zu leben - auch wenn man damit sehr alt werden könnte.

Auch heute noch gibt es Menschen, die sehr weit gehen, um nicht sterben zu müssen. Etwa Leute mit einer tödlichen Krankheit, die versuchen, ihren Kopf auf den Körper eines anderen Menschen setzen zu lassen. Oder sie lassen sich für einen gigantisch hohen Betrag einfrieren, in der Hoffnung, dass man sie irgendwann wieder auftaut. Das darf natürlich erst dann passieren, wenn ihre Krankheit heilbar geworden ist – und tiefgefrorene Menschen wieder zum Leben erweckt werden können. Trotzdem gibt es schlechte Nachrichten für sie: Irgendwann werden auch sie endgültig sterben.

Alles hat ein Ende. Auch unser Weltall. Zumindest mehr oder weniger. Lass uns daher mal einen Blick in die Zukunft unseres Weltalls werfen.

EIN SEHR UNGEMÜTLICHES WELTALL

Wir wissen schon ein paar Dinge. So zum Beispiel, dass unser Weltall durch die Dunkle Energie immer größer wird. Letzten Endes werden andere Galaxien unter keinen Umständen mehr für uns zu sehen sein. Wir sind dann die einzige Galaxie in einem kosmischen Ozean voller Leere. Das klingt außerordentlich ungemütlich, aber bislang hatten wir ja auch nur wenig Kontakt mit den anderen Galaxien. So schlimm ist diese »Einsamkeit« dann nun auch wieder nicht. Und die einzige Galaxie, die wir mit bloßem Auge erkennen können, gerät (wie du weißt) sowieso nicht aus unserer Sicht: Die Andromedagalaxie kommt direkt auf uns zu!

Das läuft auf einen Zusammenprall Hunderter Milliarden Sterne mit Hunderten Milliarden anderer Sterne hinaus. Obwohl – Zusammenprall klingt ein wenig dramatisch. Wir wissen, dass die Sterne so weit voneinander entfernt sind, dass fast nichts zusammenprallt. Vielleicht erwischt es den ein oder anderen Stern oder Planeten, aber viele werden es nicht sein. In drei bis vier Milliarden Jahren ist es so weit, dann rücken die Galaxien enger zusammen. Und dann dauert es mindestens noch einmal so lange, bis sie miteinander verschmolzen sind und jeder Stern seinen Platz im neuen Supersystem (der Andromilchstraße oder Milchomeda?) gefunden hat.

DAS GROSSE AUSEINANDERREISSEN

Nach dem Zusammenprall mit Andromeda ist die Gefahr noch nicht gebannt. Die Dunkle Energie wird dann so stark, dass das Weltall mit Karacho auseinandergerissen wird. Sogar die Sterne unserer eigenen Galaxie reißt es irgendwann auseinander. Wiederum später werden auch die Planeten von ihren Sternen weggerissen. Und zum guten Schluss trifft es sogar Atome. Du wirst verstehen, dass dieser Gedanke so unangenehm ist, dass die Astronomen alles daransetzen, diese Idee im Papierkorb landen zu lassen. Das geht in die richtige Richtung. Die Wahrscheinlichkeit, dass so etwas passiert, ist klein. Es würde sowieso noch viele Milliarden Jahre dauern, bevor das Große Auseinanderreißen so richtig in Gang käme. Wir haben also noch Zeit für Gegenmaßnahmen. Vielleicht etwas mit Superkleber oder sehr kräftigem Klebeband ...

Aber wenn du lange genug wartest, wird alles im Weltall verschwinden. Jeder Stern der Milchstraße wird erlöschen. Jeder Planet wird von einem Stern oder einem Schwarzen Loch verschluckt. Als Letztes werden schließlich die Schwarzen Löcher wie Schnee in der Sonne schmelzen. Im allerallerallerletzten Moment zerfallen sogar die Atome und dann schweben nur noch ein paar verirrte Elektronen, Neutrinos und Photonen durch den immens leeren, kalten, dunklen Raum. Das dauert noch eine Weile: Du brauchst mehr als hundert Nullen, um die Jahreszahl aufzuschreiben, in der dies geschehen wird. Also mach dir keinen Kopf. Dieses Untergangsszenario werden wir jedenfalls nicht erleben. Bis dahin hat die Sonne die Erde schon längst vernichtet. Und noch davor ist vermutlich bereits ein riesiger Meteor auf die Erde gefallen, der fast alles Leben hier auslöscht.

ZURÜCK ZU DEN DINOS

Vielleicht ist dir dieses Kapitel jetzt schon verhasst? Womöglich willst du ja wie die Alchemisten unendlich lange leben? Aber wie soll das gehen? Keine Panik, das könnte schon noch klappen. Die Wahrscheinlichkeit eines alles vernichtenden Meteoriten ist vorläufig wahnsinnig klein. Darüber würde ich mir an deiner Stelle keine Sorgen machen. Außerdem beschäftigen sich die Forscher nicht umsonst schon mit Projekten, die uns irgendwann ein Leben im Weltraum ermöglichen sollen, vielleicht auf einem anderen Planeten oder in einer riesigen Raumstation. So können wir es auch ohne unsere Erde noch ein Weilchen aushalten!

In der Zwischenzeit werden wir natürlich mithilfe unserer Supercomputer immer schlauer. Also irgendwann, wenn du dank einer Pille, die dich ewig jung hält, ein paar Millionen Jahre alt bist, können wir bestimmt in ein anderes Universum umziehen. Oder in eine andere Dimension, wo es dann wirklich gemütlich zugeht!

Oder wir wissen dann endlich, wie das mit den Zeitreisen funktioniert. Dann kehrst du einfach wieder zur Erde zurück, in eine Zeit, als man noch gut auf ihr leben konnte, und machst es dir zwischen den Dinosauriern gemütlich ...

EIN LETZTER TIPP: IMMER SCHÖN WEITERZWEIFELN

Okay, also das wissen wir jetzt:

Am Anfang gab es nichts. Kein Weltall, keine Materie, nicht einmal Zeit. Aber nichts ist nicht nichts. Im Nichts existieren Quantenfluktuationen. Diese Quantenfluktuationen sind extrem flüchtige und kleine Energiefelder. Quantenfluktuationen sind so kurz und so winzig, dass sie sich nichts aus den normalen Naturgesetzen machen. So kann beispielsweise rund um eine Quantenfluktuation umgekehrte Schwerkraft entstanden sein. In extrem kurzer Zeit wurde diese Fluktuation schneller als das Licht auseinandergezogen.

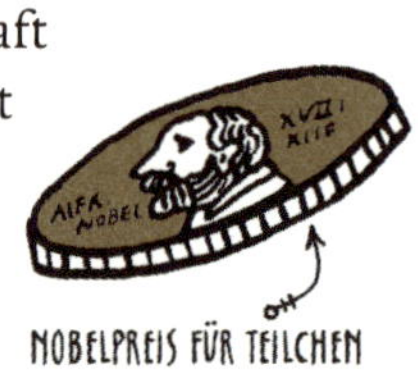

Im Nichts gibt es auch irgendwo noch die »Nichtsenergie«. Wahrscheinlich ist das dieselbe Energie wie die Dunkle Energie, die dafür sorgt, dass unser Weltall im Handumdrehen wächst. Diese Dunkle Energie ist auch der Motor hinter dem Urknall: dem Moment, in dem eine Quantenfluktuation in sehr kurzer Zeit wuchs und zu unserem Weltall wurde. Dank der Dunklen Energie dehnte sich unser Weltall von Anfang an immer weiter aus.

In den Energiefeldern entstanden auch Teilchen und Antiteilchen. Und zwar ein ganz klein wenig mehr Teilchen als Antiteilchen, und so bekam unser Weltall schon bald die erste Materie. Später entstanden Atome aus diesen Teilchen und wiederum später sind daraus die ersten Sterne hervorgegangen. Aus diesen Sternen sind wieder neue Stoffe entstanden, vor allem als diese Sterne explodierten und zu Supernovae wurden. Und daraus sind wieder andere Sterne entstanden und Planeten wie die Erde. Mit dir und mir und dem Neffen von Herbert von Deich.

So ist es wahrscheinlich gegangen. Ab hier kann ich dir nicht mehr weiterhelfen. Das ist alles, was ich weiß und verstehe. Herzlichen Glückwunsch – du hast dich bis zum Ende dieses Buches durchgeschlagen!

Aber die Suche nach dem Beginn unseres Universums geht natürlich weiter. Denn zum Glück macht die Wissenschaft noch immer die spektakulärsten Entdeckungen. Du wirst in den kommenden Jahren noch über eine Menge Funde und Erkenntnisse lesen, die ein neues Licht auf die Entstehung des Universums werfen werden.

Wissenschaft hört zum Glück nie auf. 1906 bekam Joseph John Thomson den Nobelpreis für die Entdeckung eines neuen Teilchens: des Elektrons. 1937 bekam sein Sohn George Paget Thomson genau die gleiche Auszeichnung für die Entdeckung, dass ein Elektron tatsächlich kein Teilchen ist …

Die definitive Antwort auf die Frage, woher die Welt kommt, habe ich dir nicht geben können. Aber du weißt mittlerweile schon höllisch viel! Genug, um dir eine eigene Meinung zu bilden. Und hoffentlich genug, um zu sehen, wie schön Wissenschaft ist. Wie wahnsinnig interessant es ist, die Welt der kleinsten, größten und seltsamsten Dinge zu erforschen. Oder wie spannend es ist, über Zeitreisen und Paralleluniversen nachzudenken oder über die Frage, ob es denn nun einen Schöpfer oder eine Schöpferin gibt.

Denken beginnt mit Zweifeln. Irgendwie sollten wir vielleicht sogar hoffen, dass wir das Mysterium nie aufklären. Solange wir zweifeln, denken wir nach und forschen weiter. Und das wiederum führt zu zahllosen neuen Erkenntnissen und Erfindungen, die unser Leben schöner, spannender und angenehmer machen.

Unterdessen mixe ich mir einen leckeren Cocktail und schmücke ihn mit einem fröhlichen Papierschirmchen. Nicht auf einer tropischen Insel, sondern einfach zu Hause in Amsterdam. Prost!

HALT, WARTE! WICHTIG! NOCH GANZ KURZ...

Da haben wir es wieder. Kurz nachdem dieses Buch geschrieben war, starb Stephen Hawking. Hawking war ein Physiker und vielleicht das größte Genie, das in der zweiten Hälfte des 20., Anfang des 21. Jahrhunderts gelebt hat. Viele wichtige Informationen aus diesem Buch sind ihm zu verdanken. Aber jetzt kommt es: Kurz vor seinem Tod schrieb er einen neuen wissenschaftlichen Artikel über das Universum.

Die ganze Geschichte werde ich dir ersparen, aber in aller Kürze dreht es sich um Folgendes: Seiner Ansicht nach leben wir in einem Multiversum mit sehr vielen Universen wie dem unseren. Sehr vielen Universen also. Nicht unendlich vielen. Sollte Hawking also recht haben, gibt es zwar ganz bestimmt sehr viel Rotz im Multiversum, aber nicht unendlich viel. Ich entschuldige mich daher für möglicherweise entstandene Missverständnisse.

VIELEN DANK!

Noch nie habe ich mit so viel Spaß ein Thema erforscht. So viele großartige Bücher über Sternenkunde und den Ursprung unseres Weltalls gibt es! Und im Internet sind jede Menge interessante Vorträge zu finden. Aber es ist und bleibt ein schwieriges Thema. Ohne die Hilfe einiger Experten hätte ich nicht genug davon verstanden.

Daher bin ich auch sehr froh über die Hilfe von Govert Schilling. Seine Bücher und seine Website haben mir schon enorm geholfen, aber es war wunderbar, dass er an diesem Buch auch gern mitarbeiten wollte.

Marc Klein Wolt ist ebenfalls von unschätzbarem Wert gewesen. Er hat das Manuskript sehr sorgfältig durchgesehen, vor allem bei den Themen, die mit seinem Fachgebiet zu tun hatten: der Sternenkunde.

Cees Dekker hat mir beim Kapitel über den Glauben geholfen, auch wenn er selbst es ganz anders geschrieben hätte. Er ist ein schöner Beweis dafür, dass sich Glaube und Wissenschaft durchaus vereinbaren lassen.

Dank Bibi Dumon Tak ist das Buch viel besser und verständlicher geworden. Ich habe ihr daraus vorgelesen, wenn sie am Steuer im Auto saß. Ein Text war erst gut, wenn er auch ohne erläuternde Illustrationen auf dem Autobahnring um Antwerpen verständlich war.

Marleen Louter und Steven Rieder haben ebenfalls für wichtige Verbesserungen gesorgt. Bei ihnen wird sich Floor bestimmt auch noch bedanken ...

Jan Paul

Zuallererst möchte ich mich bei meinem Astronomen-Bruder bedanken. Ohne sein umfängliches Wissen auf diesem Gebiet hätte ich bestimmt grobe Schnitzer gemacht. Außerdem konnte der junge Steven wunderbar als Zielgruppe dienen. Sehr schön, dass unsere so unterschiedlichen Fachgebiete sich endlich einmal berührt haben!

Außerdem danke ich auch meinen Eltern, die Interesse für das Unbekannte für wichtiger hielten als Schlaf und uns bei einem Meteoritenregen oder einer Mondfinsternis immer wieder aus dem Bett holten.

Ferner möchte ich mich bei meinem Opa bedanken; er sprach mir den Mut zu, den ich brauchte, um mit diesem Buch anfangen zu können (und er hatte noch eine Briefmarke aus Deutschland aus der Zeit der Inflation in seiner Sammlung!).

Dank sei Suzanne Nuis, der allerbesten Gestalterin, die auch unter extremem Zeitdruck immer ruhig und gelassen bleibt, was ansteckend wirkt. Mit ihr kann ich so herrlich Knoten durchhauen!

Und natürlich bedanke ich mich bei meinen Hilfstruppen Hannah und Nina (und Abel im Bauch). Ohne sie hätte ich es nie geschafft.

Kajsa, Marleen, Vincent, Dorith, Bess ... sorry und vielen Dank!

Floor

Der Gerstenberg Verlag dankt Dr. Beate Brase für die fachliche Beratung bei der deutschen Ausgabe.

REGISTER

T

U

V

W

Z